Σ BEST
シグマベスト

JN098619

トコトン算数

小学3年の計算ドリル

文英堂

この本の 組み立てと使い方

① ~ ㊿ ▶	練習問題で，1回分は2ページです。おちついて，ていねいに計算しましょう。
問題 ▶	計算のしかたをせつ明するための問題です。
考え方 ▶	計算のしかたが，くわしく書かれています。しっかり読んで，計算方法を身につけましょう。
答え ▶	問題 の答えです。

● 計算は算数のきほんです！

　計算ができないと，文章題のとき方がわかっても正しい答えは出せません。この本は，算数のきほんとなる計算力をアップさせ，しっかり身につくことを考えて作られています。

● 学習計画を立てよう！

　1回分は見開き2ページで，54回分あります。同じような問題が数回分あるので，くり返し練習できます。むりのない計画を立て，学習する習かんを身につけましょう。

●「まとめ」の問題でふく習しよう！

　「まとめ」の問題で，それまでに計算練習したことをふく習しましょう。そして，どれだけ計算力が身についたかたしかめましょう。

● 答え合わせをして，まちがい直しをしよう！

　1回分が終わったら答え合わせをして，まちがった問題はもう一度計算しましょう。まちがったままにしておくと，何度も同じまちがいをしてしまいます。どういうまちがいをしたかを知ることが計算力アップのポイントです。

● とく点を記ろくしよう！

　この本の後ろにある「学習の記ろく」に，とく点を記ろくしよう。そして，自分の苦手なところを見つけ，それをなくすようにがんばろう。

もくじ

1  かけ算(1)─①

問題 □にあてはまる数をかきましょう。

(1) $3×6=3×5+□$　　(2) $4×7=4×8-□$

考え方 (1) $3×6$は, 3を6こあつめた
数です。$3×5$は, 3を5こあつめた
数で, 3を1こふやすと, 3が6こ
になります。

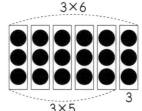

(2) $4×7$は4を7こ, $4×8$は4を8
こあつめた数です。4が7こになるように, 4を1ことります。

答え (1) 3　　(2) 4

1 □にあてはまる数をかきましょう。

[1問　5点]

(1) $2×6=2×5+\boxed{}$　　(2) $3×9=3×8+\boxed{}$

(3) $5×5=5×4+\boxed{}$　　(4) $8×7=8×6+\boxed{}$

(5) $4×5=4×6-\boxed{}$　　(6) $7×4=7×5-\boxed{}$

(7) $6×8=6×9-\boxed{}$　　(8) $9×7=9×8-\boxed{}$

(9) $6×8=(6×5)+(6×\boxed{})$

(10) $8×7=(8×9)-(8×\boxed{})$

勉強した日　　月　　日　　時間 20分　合かく点 80点　答え べっさつ 2ページ　とく点　　　点　　色をぬろう 60 80 100

問題　□にあてはまる数をかきましょう。

(1)　$3 \times 6 = 6 \times \square$　　(2)　$5 \times 7 = \square \times 5$

考え方　3×6は，3を6こあつめた数です。これは，右の図のように，6を3こあつめた数と同じです。

このように，かけ算では，**かけられる数とかける数を入れかえても，答えは同じ**になります。

答え　(1)　3　　(2)　7

2

□にあてはまる数をかきましょう。　　　　[1問　5点]

(1)　$3 \times 4 = 4 \times \boxed{}$　　　　(2)　$2 \times 9 = 9 \times \boxed{}$

(3)　$5 \times 9 = \boxed{} \times 5$　　　　(4)　$8 \times 3 = \boxed{} \times 8$

(5)　$4 \times \boxed{} = 7 \times 4$　　　　(6)　$6 \times \boxed{} = 2 \times 6$

(7)　$\boxed{} \times 5 = 5 \times 8$　　　　(8)　$\boxed{} \times 7 = 7 \times 9$

(9)　$6 \times \boxed{} = 5 \times 6$　　　　(10)　$4 \times 9 = \boxed{} \times 4$

 **2** かけ算(1) ── ②

問題 次の計算をしましょう。

(1) 3×10　　(2) 10×3　　(3) 4×0　　(4) 0×4

考え方　3×10＝3×9＋3＝27＋3＝30となります。
また，10×3＝3×10＝30です。このように，**かける数か，
かけられる数が10のとき，答えは，もうひとつの数のうしろ
に0をつけた数**になります。
4×0＝4×1－4＝4－4＝0，0×4＝4×0＝0です。この
ように，**かける数か，かけられる数が0のとき，答えは0です。**

答え　(1) 30　　(2) 30　　(3) 0　　(4) 0

 次の計算をしましょう。

[1問　4点]

(1)　5×10　　　　　　　(2)　2×10

(3)　4×10　　　　　　　(4)　10×7

(5)　10×9　　　　　　　(6)　10×6

(7)　8×0　　　　　　　(8)　1×0

(9)　0×5　　　　　　　(10)　0×7

次の計算をしましょう。

[1問　3点]

(1)　5×0

(2)　7×10

(3)　10×2

(4)　0×9

(5)　10×4

(6)　0×6

(7)　2×0

(8)　1×10

(9)　8×10

(10)　10×5

(11)　4×0

(12)　0×1

(13)　6×0

(14)　0×8

(15)　10×1

(16)　9×10

(17)　0×10

(18)　10×8

(19)　0×0

(20)　10×10

 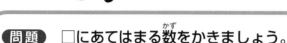

かけ算(1) — ③

問題　□にあてはまる数をかきましょう。

(1)　4×□＝20　　(2)　□×6＝42

考え方　(1)　かけ算の4のだんで，答えが20になるものをさがします。

4×5＝20ですから，□にはいる数は5です。

(2)　□×6＝6×□ですから，かけ算の6のだんで，答えが42になるものをさがします。

6×7＝42より，7×6＝42ですから，□にはいる数は7です。

答え　　(1)　5　　(2)　7

1

□にあてはまる数をかきましょう。

［1問　4点］

(1)　2×□＝12

(2)　3×□＝24

(3)　5×□＝35

(4)　8×□＝32

(5)　□×7＝63

(6)　□×6＝48

(7)　□×4＝24

(8)　□×9＝45

(9)　8×□＝56

(10)　6×□＝54

□にあてはまる数をかきましょう。　　　［1問　3点］

(1)　$3 \times \boxed{} = 6$

(2)　$4 \times \boxed{} = 36$

(3)　$5 \times \boxed{} = 15$

(4)　$6 \times \boxed{} = 30$

(5)　$\boxed{} \times 7 = 21$

(6)　$\boxed{} \times 4 = 12$

(7)　$\boxed{} \times 8 = 40$

(8)　$\boxed{} \times 9 = 18$

(9)　$7 \times \boxed{} = 49$

(10)　$8 \times \boxed{} = 64$

(11)　$2 \times \boxed{} = 16$

(12)　$3 \times \boxed{} = 18$

(13)　$\boxed{} \times 4 = 28$

(14)　$\boxed{} \times 5 = 25$

(15)　$\boxed{} \times 7 = 14$

(16)　$\boxed{} \times 9 = 27$

(17)　$5 \times \boxed{} = 10$

(18)　$6 \times \boxed{} = 36$

(19)　$8 \times \boxed{} = 72$

(20)　$9 \times \boxed{} = 81$

10

 かけ算(1) — ④

 □にあてはまる数をかきましょう。

[1問　2点]

(1) 2 × □ = 4

(2) 3 × □ = 15

(3) 6 × □ = 24

(4) 7 × □ = 21

(5) □ × 3 = 12

(6) □ × 6 = 30

(7) □ × 7 = 7

(8) □ × 5 = 40

(9) 6 × □ = 12

(10) 7 × □ = 42

(11) 9 × □ = 36

(12) 8 × □ = 64

(13) □ × 9 = 27

(14) □ × 4 = 12

(15) □ × 2 = 16

(16) □ × 3 = 18

(17) 4 × □ = 28

(18) 2 × □ = 10

(19) 4 × □ = 16

(20) 6 × □ = 54

□にあてはまる数をかきましょう。　　　［1問　3点］

(1)　$2 \times \boxed{} = 8$　　　　(2)　$3 \times \boxed{} = 6$

(3)　$5 \times \boxed{} = 25$　　　(4)　$4 \times \boxed{} = 32$

(5)　$\boxed{} \times 2 = 14$　　　(6)　$\boxed{} \times 7 = 35$

(7)　$\boxed{} \times 7 = 63$　　　(8)　$\boxed{} \times 8 = 56$

(9)　$6 \times \boxed{} = 36$　　　(10)　$3 \times \boxed{} = 21$

(11)　$8 \times \boxed{} = 32$　　　(12)　$9 \times \boxed{} = 54$

(13)　$\boxed{} \times 8 = 40$　　　(14)　$\boxed{} \times 9 = 18$

(15)　$\boxed{} \times 6 = 48$　　　(16)　$\boxed{} \times 8 = 72$

(17)　$9 \times \boxed{} = 81$　　　(18)　$4 \times \boxed{} = 24$

(19)　$9 \times \boxed{} = 45$　　　(20)　$6 \times \boxed{} = 42$

かけ算(1) ― ⑤

 □にあてはまる数をかきましょう。

[1問 2点]

(1) 3 × □ = 9

(2) 5 × □ = 30

(3) 7 × □ = 14

(4) 9 × □ = 27

(5) □ × 2 = 12

(6) □ × 4 = 32

(7) □ × 6 = 24

(8) □ × 7 = 56

(9) 4 × □ = 20

(10) 6 × □ = 18

(11) 7 × □ = 42

(12) 3 × □ = 24

(13) □ × 5 = 15

(14) □ × 9 = 18

(15) □ × 8 = 40

(16) □ × 6 = 48

(17) 9 × □ = 72

(18) 7 × □ = 28

(19) 4 × □ = 36

(20) 6 × □ = 36

勉強した日　月　日

時間 **20分**　合かく点 **80点**　答え べっさつ **3ページ**

とく点　点

色をぬろう 60 80 100

 2　□にあてはまる数をかきましょう。　［1問　3点］

(1) 4 × □ = 8

(2) 2 × □ = 10

(3) 3 × □ = 12

(4) 5 × □ = 35

(5) □ × 7 = 49

(6) □ × 4 = 24

(7) □ × 6 = 12

(8) □ × 8 = 32

(9) 7 × □ = 63

(10) 9 × □ = 54

(11) 6 × □ = 30

(12) 4 × □ = 16

(13) □ × 3 = 21

(14) □ × 5 = 45

(15) □ × 8 = 64

(16) □ × 5 = 20

(17) 8 × □ = 24

(18) 7 × □ = 56

(19) 8 × □ = 72

(20) 6 × □ = 42

 **6** かけ算(1)──⑥

問題 次の計算をしましょう。

(1) 3×2×4　　(2) 3×(2×4)

考え方 (1) 前からじゅんにかけて、

3×2×4＝6×4＝24

(2) ( )のなかを先にかけて、

3×(2×4)＝3×8＝24

このように、3つの数のかけ算では、**前の2つを先にかけても、うしろの2つを先にかけても、答えは同じ**です。

答え　　(1) 24　　(2) 24

---

 1 次の計算をしましょう。

[1問 4点]

(1) 2×2×7

(2) 6×(4×2)

(3) 3×2×6

(4) 8×(3×3)

(5) 2×4×8

(6) 7×(2×5)

(7) 4×2×9

(8) 9×(2×3)

(9) 5×2×6

(10) 6×(2×4)

勉強した日	月　　　日	時間 20分	合かく点 80点	答え べっさつ 3ページ	とく点　　　点	色をぬろう 60 80 100

 くふうして，次の計算をしましょう。

[1問　3点]

(1)　5×4×2

(2)　8×2×3

(3)　4×2×8

(4)　3×2×7

(5)　9×2×2

(6)　5×3×2

(7)　6×3×3

(8)　7×2×4

(9)　3×3×10

(10)　2×4×4

(11)　6×2×4

(12)　8×2×5

(13)　10×4×2

(14)　2×2×6

(15)　7×3×3

(16)　6×2×5

(17)　9×4×2

(18)　10×2×2

(19)　2×5×4

(20)　9×2×5

「かけ算(1)」のまとめ

 次の計算をしましょう。

[1問 2点]

(1) 2×0

(2) 10×3

(3) 4×10

(4) 0×5

(5) 10×7

(6) 9×0

(7) 0×8

(8) 6×10

(9) 4×0

(10) 10×9

(11) 5×10

(12) 0×7

(13) 6×0

(14) 8×10

(15) 10×0

(16) 0×0

(17) 6×3×2

(18) 7×5×2

(19) 2×4×8

(20) 9×3×3

勉強した日　　月　　日

時間 **20分**　合かく点 **80点**　答え べっさつ4ページ

とく点　　　点

色をぬろう 60 80 100

　□にあてはまる数をかきましょう。　[1問 3点]

(1) $4 \times 7 = 4 \times 6 + \boxed{}$

(2) $8 \times 4 = 8 \times 3 + \boxed{}$

(3) $6 \times 4 = 6 \times 5 - \boxed{}$

(4) $9 \times 6 = 9 \times 7 - \boxed{}$

(5) $5 \times 8 = 8 \times \boxed{}$

(6) $6 \times 4 = \boxed{} \times 6$

(7) $7 \times \boxed{} = 8 \times 7$

(8) $\boxed{} \times 9 = 9 \times 3$

(9) $2 \times \boxed{} = 14$

(10) $3 \times \boxed{} = 27$

(11) $5 \times \boxed{} = 25$

(12) $8 \times \boxed{} = 56$

(13) $\boxed{} \times 4 = 24$

(14) $\boxed{} \times 7 = 42$

(15) $\boxed{} \times 6 = 48$

(16) $\boxed{} \times 9 = 63$

(17) $4 \times \boxed{} = 32$

(18) $6 \times \boxed{} = 36$

(19) $8 \times \boxed{} = 40$

(20) $9 \times \boxed{} = 54$

 わり算(1)─①

> **問題** 27÷3を計算しましょう。
>
> **考え方** 27÷3の答えは,
>
> 　　3×□＝27
>
> の□にあてはまる数です。
>
> かけ算の3のだんでさがして,答えは9です。
>
> **答え** 9

1

れいのようにわり算の式をかき,わり算の答えをもとめましょう。

[1問 4点]

れい　3×□＝15　　15÷3＝5

(1)　5×□＝10　　　　　(2)　2×□＝12

(3)　4×□＝24　　　　　(4)　6×□＝42

(5)　3×□＝18　　　　　(6)　7×□＝35

(7)　8×□＝40　　　　　(8)　9×□＝72

(9)　7×□＝56　　　　　(10)　5×□＝45

2 次の計算をしましょう。

[1問　3点]

(1)　6 ÷ 2

(2)　28 ÷ 4

(3)　30 ÷ 5

(4)　24 ÷ 8

(5)　16 ÷ 4

(6)　48 ÷ 6

(7)　36 ÷ 4

(8)　42 ÷ 7

(9)　32 ÷ 8

(10)　25 ÷ 5

(11)　16 ÷ 2

(12)　24 ÷ 6

(13)　21 ÷ 7

(14)　45 ÷ 9

(15)　56 ÷ 8

(16)　63 ÷ 7

(17)　12 ÷ 4

(18)　40 ÷ 5

(19)　49 ÷ 7

(20)　72 ÷ 8

 わり算(1) ― ②

問題 次の計算をしましょう。

(1) 6÷1　　(2) 7÷7

考え方 (1)　1×□＝6の，□にあてはまる数は6ですから，

6÷1＝6

わる数が1のとき，答えはわられる数と同じです。

(2) 7×□＝7の，□にあてはまる数は1ですから，

7÷7＝1

わられる数とわる数が同じとき，答えは1です。

答え (1) 6　　(2) 1

 次の計算をしましょう。

[1問 4点]

(1) 5÷1　　　　　　(2) 3÷3

(3) 6÷6　　　　　　(4) 8÷1

(5) 4÷1　　　　　　(6) 9÷9

(7) 8÷8　　　　　　(8) 3÷1

(9) 7÷1　　　　　　(10) 5÷5

次の計算をしましょう。 ［1問 3点］

(1) $12 \div 4$ (2) $20 \div 5$

(3) $16 \div 8$ (4) $35 \div 7$

(5) $18 \div 6$ (6) $2 \div 1$

(7) $21 \div 3$ (8) $48 \div 6$

(9) $24 \div 4$ (10) $49 \div 7$

(11) $4 \div 4$ (12) $15 \div 3$

(13) $72 \div 8$ (14) $54 \div 9$

(15) $30 \div 6$ (16) $32 \div 4$

(17) $27 \div 3$ (18) $63 \div 9$

(19) $28 \div 7$ (20) $64 \div 8$

 **わり算(1) — ③**

> 問題　0÷5を計算しましょう。
>
> 考え方　0÷5の答えは，
> 　　5×□＝0
> の□にあてはまる数ですから，答えは0です。
> このように，0を，0でないどんな数でわっても，答えは0になります。
>
> 答え　0

1 次の計算をしましょう。

[1問　4点]

(1)　0÷2

(2)　4÷1

(3)　0÷6

(4)　5÷5

(5)　9÷9

(6)　0÷3

(7)　0÷7

(8)　8÷1

(9)　7÷7

(10)　0÷1

勉強した日 　月　　日

2 次の計算をしましょう。

[1問　3点]

(1)　14 ÷ 2

(2)　27 ÷ 3

(3)　30 ÷ 6

(4)　28 ÷ 7

(5)　36 ÷ 9

(6)　9 ÷ 1

(7)　20 ÷ 4

(8)　18 ÷ 6

(9)　0 ÷ 9

(10)　15 ÷ 5

(11)　48 ÷ 6

(12)　16 ÷ 8

(13)　21 ÷ 3

(14)　40 ÷ 8

(15)　36 ÷ 6

(16)　35 ÷ 5

(17)　0 ÷ 8

(18)　56 ÷ 7

(19)　32 ÷ 4

(20)　54 ÷ 9

 「わり算(1)」のまとめ ― ①

 次の計算をしましょう。

[1問 2点]

(1) $8 \div 2$

(2) $9 \div 3$

(3) $10 \div 5$

(4) $14 \div 2$

(5) $15 \div 3$

(6) $18 \div 9$

(7) $0 \div 8$

(8) $24 \div 3$

(9) $24 \div 4$

(10) $28 \div 7$

(11) $30 \div 5$

(12) $42 \div 6$

(13) $45 \div 9$

(14) $48 \div 8$

(15) $56 \div 7$

(16) $36 \div 4$

(17) $7 \div 7$

(18) $54 \div 6$

(19) $9 \div 1$

(20) $72 \div 9$

勉強した日 | 月 日

時間 **20分**　合かく点 **80点**　答え べっさつ**5**ページ

と く 点　　　　　点

色をぬろう
60　80　100

 次の計算をしましょう。

[1問　3点]

(1) 16÷4

(2) 35÷5

(3) 18÷6

(4) 0÷7

(5) 18÷2

(6) 21÷3

(7) 5÷5

(8) 42÷7

(9) 12÷4

(10) 27÷3

(11) 24÷8

(12) 63÷9

(13) 9÷9

(14) 40÷5

(15) 18÷3

(16) 32÷4

(17) 81÷9

(18) 7÷1

(19) 49÷7

(20) 72÷8

12 「わり算(1)」のまとめ — ②

1 24 このみかんを，1人に 6 こずつ分けると，何人に分けられるでしょう。　　　　　　　　　　　　　　　　　　　　　[15点]

式

答え

2 おはじきが 32 こあります。4人で同じ数ずつ分けると，1人分は何こになるでしょう。　　　　　　　　　　　　　　　[15点]

式

答え

3 みゆきさんは 8 さいで，お父さんは 40 さいです。お父さんの年はみゆきさんの年の何倍ですか。　　　　　　　　　　[15点]

式

答え

4 56日間は, 何週間でしょう。 [15点]

式 _____

答え _____

5 絵はがきが63まいあります。7人で同じ数ずつ分けると, 1人分は何まいになるでしょう。 [20点]

式 _____

答え _____

6 赤いリボンの長さは48cm, 青いリボンの長さは8cmです。赤いリボンの長さは, 青いリボンの長さの何倍ですか。 [20点]

式 _____

答え _____

28

13 3けたの数の計算 ― ①

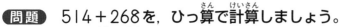

問題 514+268を，ひっ算で計算しましょう。

考え方 けた数が多くなっても，2けたの
計算と同じように，位をそろえてたて
にならべてかき，一の位からじゅんに
計算します。
くり上がりには，十分気をつけます。

```
    5 1 4
+   2 6 8
─────────
    7 8 2
```

答え 782

1 ひっ算で計算しましょう。

［1問 5点］

(1)
```
    2 3 7
+   5 1 2
─────────
```

(2)
```
    4 2 0
+   3 4 8
─────────
```

(3)
```
    6 5 5
+   2 1 9
─────────
```

(4)
```
    5 0 9
+   2 7 5
─────────
```

(5)
```
    1 3 7
+   5 8 2
─────────
```

(6)
```
    4 9 3
+   2 7 4
─────────
```

2 ひっ算で計算しましょう。

[1問 7点]

(1)
$$\begin{array}{r} 2\ 4\ 3 \\ +\ 4\ 2\ 5 \\ \hline \end{array}$$

(2)
$$\begin{array}{r} 3\ 1\ 5 \\ +\ 3\ 3\ 1 \\ \hline \end{array}$$

(3)
$$\begin{array}{r} 6\ 3\ 8 \\ +\ 2\ 1\ 6 \\ \hline \end{array}$$

(4)
$$\begin{array}{r} 4\ 5\ 5 \\ +\ 2\ 3\ 7 \\ \hline \end{array}$$

(5)
$$\begin{array}{r} 1\ 4\ 3 \\ +\ 2\ 7\ 4 \\ \hline \end{array}$$

(6)
$$\begin{array}{r} 5\ 8\ 1 \\ +\ 1\ 7\ 6 \\ \hline \end{array}$$

(7)
$$\begin{array}{r} 4\ 8\ 7 \\ +\ 3\ 4\ 8 \\ \hline \end{array}$$

(8)
$$\begin{array}{r} 6\ 5\ 9 \\ +\ 1\ 6\ 4 \\ \hline \end{array}$$

(9)
$$\begin{array}{r} 3\ 8\ 5 \\ +\ 3\ 5\ 9 \\ \hline \end{array}$$

(10)
$$\begin{array}{r} 4\ 7\ 7 \\ +\ 3\ 2\ 4 \\ \hline \end{array}$$

14  3けたの数の計算 ─ ②

1 ひっ算で計算しましょう。

[1問 5点]

(1)
```
    3  4  6
+   4  2  2
─────────
```

(2)
```
    4  4  1
+   5  1  6
─────────
```

(3)
```
    7  4  8
+   2  3  4
─────────
```

(4)
```
    8  1  9
+   1  5  3
─────────
```

(5)
```
    1  2  6
+   3  9  1
─────────
```

(6)
```
    3  7  3
+   2  6  4
─────────
```

(7)
```
    5  8  1
+   2  0  9
─────────
```

(8)
```
    4  5  4
+   2  7  2
─────────
```

(9)
```
    3  2  6
+   2  9  5
─────────
```

(10)
```
    3  3  2
+   4  6  8
─────────
```

勉強した日　月　日　時間 20分　合かく点 80点　答え べっさつ6ページ　とく点　点　色をぬろう 60 80 100

2 ひっ算で計算しましょう。

[1問　5点]

(1)
```
   5 7 6
 + 3 8 2
```

(2)
```
   1 6 8
 + 4 1 2
```

(3)
```
   3 6 2
 + 4 5 3
```

(4)
```
   2 3 6
 + 5 7 1
```

(5)
```
   3 1 8
 + 2 4 3
```

(6)
```
   2 5 7
 + 1 9 3
```

(7)
```
   4 2 5
 + 2 8 5
```

(8)
```
   3 4 6
 + 4 2 9
```

(9)
```
   3 7 8
 + 2 4 7
```

(10)
```
   4 2 4
 + 3 7 6
```

3けたの数の計算 ─③

ひっ算で計算しましょう。

[1問 5点]

(1)
```
   5 7 5
 + 7 1 3
```

(2)
```
   6 2 4
 + 5 4 3
```

(3)
```
   7 9 2
 + 4 0 5
```

(4)
```
   9 2 5
 + 8 3 4
```

(5)
```
   7 8 9
 + 6 7 4
```

(6)
```
   9 4 7
 + 1 6 8
```

(7)
```
   7 3 6
 + 2 6 9
```

(8)
```
   4 5 8
 + 7 6 1
```

(9)
```
   8 5 3
 + 5 2 8
```

(10)
```
   4 1 2
 + 6 6 6
```

2 ひっ算で計算しましょう。

[1問　5点]

(1)
```
    3 9 6 2
  + 4 9 5 3
```

(2)
```
    5 5 1 0
  + 3 7 9 4
```

(3)
```
    1 7 5 6
  + 5 2 7 1
```

(4)
```
    2 2 4 5
  + 4 9 6 8
```

(5)
```
    4 9 4 3
  + 3 0 4 7
```

(6)
```
    8 4 7 5
  +   7 9 2
```

(7)
```
    4 0 2 6
  + 4 9 8 7
```

(8)
```
    5 8 9 1
  + 3 5 3 4
```

(9)
```
      3 7 9
  + 8 4 3 2
```

(10)
```
    5 3 2 4
  + 2 6 8 7
```

34

16 3けたの数の計算 ― ④

1 ひっ算で計算しましょう。

[1問 5点]

(1)
```
  5 9 4
- 3 6 1
```

(2)
```
  4 6 9
- 1 2 8
```

(3)
```
  8 9 5
- 3 4 2
```

(4)
```
  9 8 3
- 5 2 3
```

(5)
```
  4 9 7
- 1 6 4
```

(6)
```
  7 6 5
- 4 1 3
```

(7)
```
  5 7 2
- 3 2 9
```

(8)
```
  7 4 1
- 3 0 9
```

(9)
```
  6 5 4
- 3 2 8
```

(10)
```
  5 4 6
- 1 7 5
```

2 ひっ算で計算しましょう。

[1問 5点]

(1)
```
   5 2 4
 - 3 4 9
```

(2)
```
   6 7 8
 - 2 8 9
```

(3)
```
   7 9 4
 - 3 4 5
```

(4)
```
   7 3 2
 - 3 3 8
```

(5)
```
   8 7 0
 - 4 8 1
```

(6)
```
   7 0 5
 - 2 1 7
```

(7)
```
   6 4 1
 - 4 9 3
```

(8)
```
   6 0 0
 - 2 5 8
```

(9)
```
   7 6 5
 - 4 7 9
```

(10)
```
   4 0 6
 - 2 9 8
```

36

3けたの数の計算 — ⑤

1 ひっ算で計算しましょう。

[1問 5点]

(1)
```
    4 8 3
  -   3 8
```

(2)
```
    7 9 4
  - 7 1 7
```

(3)
```
    4 0 2
  - 3 5 6
```

(4)
```
    5 7 1
  -   4 3
```

(5)
```
    6 0 5
  - 5 9 9
```

(6)
```
    8 2 4
  - 8 1 6
```

(7)
```
    6 3 2
  -   4 1
```

(8)
```
    7 0 0
  - 6 5 8
```

(9)
```
    4 1 6
  - 3 5 4
```

(10)
```
    5 1 2
  - 4 5 6
```

2 ひっ算で計算しましょう。

[1問　5点]

(1)
```
    2 5 3
 -  1 8 9
```

(2)
```
    9 1 8
 -  6 7 3
```

(3)
```
    6 4 7
 -  4 9 0
```

(4)
```
    7 4 7
 -  6 7 7
```

(5)
```
    9 2 4
 -  4 7 5
```

(6)
```
    5 6 6
 -  4 9 1
```

(7)
```
    7 0 0
 -    5 7
```

(8)
```
    6 0 3
 -  5 9 4
```

(9)
```
    4 3 7
 -  3 7 2
```

(10)
```
    5 0 1
 -  4 9 6
```

18  3けたの数の計算 ── ⑥

1 ひっ算で計算しましょう。

[1問　5点]

(1)
```
    6 2 5
 -  2 4 3
```

(2)
```
    3 3 6
 -  2 4 9
```

(3)
```
    7 4 0
 -  3 9 9
```

(4)
```
    5 7 2
 -  1 5 3
```

(5)
```
    4 0 3
 -  3 3 8
```

(6)
```
    2 5 1
 -  2 2 7
```

(7)
```
    6 4 1
 -  4 4 2
```

(8)
```
    5 4 5
 -  3 4 1
```

(9)
```
    8 3 4
 -  7 4 1
```

(10)
```
    4 2 6
 -  1 8 7
```

時間 **20分**　合かく点 **80点**　答え べっさつ 7ページ　と く 点　　　点　色をぬろう 60 80 100

2 ひっ算で計算しましょう。

[1問　5点]

(1)
```
  3 6 6 7
-   8 4 2
```

(2)
```
  4 6 3 8
- 3 2 5 1
```

(3)
```
  6 8 2 3
- 4 6 7 5
```

(4)
```
  4 1 0 6
- 2 4 1 9
```

(5)
```
  7 2 6 0
- 5 3 4 8
```

(6)
```
  8 2 2 7
- 4 5 3 6
```

(7)
```
  6 7 0 1
-   8 6 5
```

(8)
```
  4 6 5 2
- 3 2 7 9
```

(9)
```
  9 1 3 6
- 4 7 4 8
```

(10)
```
  5 0 1 0
- 2 2 6 3
```

「3けたの数の計算」のまとめ

1 128円のポテトチップスと，148円のジュースを買うと，合わせて何円になるでしょう。　　　　　　　　　　　　　　　　　　　　[15点]

式

答え

2 256ページの本があります。これまでに，118ページ読みました。のこりは何ページでしょう。　　　　　　　　　　　　　[15点]

式

答え

3 ジュースは198円，牛にゅうは224円でした。牛にゅうは，ジュースより何円高いでしょう。　　　　　　　　　　　　　[15点]

式

答え

41

勉強した日	月 日	時間 20分	合かく点 80点	答え べっさつ 8ページ	とく点 点	色をぬろう ☆☆☆ 60 80 100

④ うんどう会で，白組のここまでのとく点は186点です。今，リレーが終わって40点入りました。白組のとく点は，何点になったでしょう。 [15点]

式

答え

⑤ 488円の絵のぐと846円のスケッチブックを買います。合わせて何円でしょう。 [20点]

式

答え

⑥ スーパーで買いものをして786円はらいます。1000円で，おつりは何円でしょう。 [20点]

式

答え

あまりのあるわり算―①

問題 16このおはじきを1人に3こずつ分けると，何人に分けることができますか。また，何こあまりますか。

考え方 かけ算の3のだんでしらべると，5人に分けられて，1こあまることがわかります。
このことを，

16÷3＝5あまり1

とかきます。

3×1＝3	13こあまる
3×2＝6	10こあまる
3×3＝9	7こあまる
3×4＝12	4こあまる
3×5＝15	1こあまる
3×6＝18	2こたりない

答え 5人に分けられて，1こあまる

1 次のわり算をしましょう。わり切れないときは，あまりもだしましょう。

[1問 4点]

(1) 13÷5

(2) 23÷6

(3) 7÷2

(4) 19÷8

(5) 40÷7

(6) 48÷9

(7) 15÷4

(8) 25÷3

(9) 17÷6

(10) 18÷7

次のわり算をしましょう。

[1問　3点]

(1)　8 ÷ 3　　　　　　(2)　33 ÷ 5

(3)　25 ÷ 8　　　　　　(4)　27 ÷ 6

(5)　53 ÷ 9　　　　　　(6)　34 ÷ 8

(7)　22 ÷ 4　　　　　　(8)　26 ÷ 7

(9)　23 ÷ 9　　　　　　(10)　14 ÷ 4

(11)　39 ÷ 6　　　　　　(12)　20 ÷ 3

(13)　41 ÷ 5　　　　　　(14)　52 ÷ 8

(15)　68 ÷ 9　　　　　　(16)　45 ÷ 7

(17)　11 ÷ 3　　　　　　(18)　46 ÷ 6

(19)　24 ÷ 5　　　　　　(20)　29 ÷ 4

21 あまりのあるわり算—②

1 次のわり算をしましょう。

[1問 2点]

(1) 9 ÷ 2

(2) 31 ÷ 6

(3) 19 ÷ 5

(4) 14 ÷ 3

(5) 37 ÷ 8

(6) 34 ÷ 7

(7) 34 ÷ 9

(8) 25 ÷ 4

(9) 27 ÷ 7

(10) 34 ÷ 5

(11) 43 ÷ 8

(12) 29 ÷ 9

(13) 41 ÷ 6

(14) 63 ÷ 8

(15) 19 ÷ 4

(16) 51 ÷ 7

(17) 22 ÷ 3

(18) 50 ÷ 6

(19) 29 ÷ 5

(20) 34 ÷ 4

勉強した日　月　日　時間20分　合かく点80点　答えべっさつ9ページ　とく点　点　色をぬろう 60 80 100

2 次のわり算をしましょう。

[1問　3点]

(1) 11÷2

(2) 17÷3

(3) 35÷6

(4) 31÷4

(5) 43÷5

(6) 37÷7

(7) 49÷8

(8) 59÷9

(9) 68÷8

(10) 26÷4

(11) 58÷7

(12) 75÷9

(13) 39÷5

(14) 70÷8

(15) 64÷9

(16) 53÷6

(17) 27÷5

(18) 62÷7

(19) 30÷4

(20) 79÷9

 22 あまりのあるわり算—③

1 次のわり算をしましょう。

[1問 2点]

(1) 5 ÷ 2

(2) 22 ÷ 5

(3) 33 ÷ 7

(4) 29 ÷ 6

(5) 26 ÷ 3

(6) 42 ÷ 8

(7) 27 ÷ 4

(8) 15 ÷ 2

(9) 38 ÷ 6

(10) 19 ÷ 3

(11) 65 ÷ 8

(12) 62 ÷ 9

(13) 17 ÷ 4

(14) 53 ÷ 8

(15) 37 ÷ 5

(16) 46 ÷ 7

(17) 17 ÷ 2

(18) 23 ÷ 4

(19) 52 ÷ 6

(20) 33 ÷ 9

次のわり算をしましょう。

[1問　3点]

(1)　41 ÷ 7

(2)　13 ÷ 2

(3)　43 ÷ 9

(4)　45 ÷ 6

(5)　23 ÷ 3

(6)　38 ÷ 8

(7)　33 ÷ 4

(8)　54 ÷ 7

(9)　44 ÷ 5

(10)　13 ÷ 3

(11)　75 ÷ 9

(12)　31 ÷ 5

(13)　60 ÷ 7

(14)　28 ÷ 3

(15)　19 ÷ 2

(16)　69 ÷ 8

(17)　34 ÷ 6

(18)　35 ÷ 4

(19)　38 ÷ 5

(20)　57 ÷ 9

48

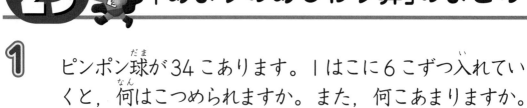

23 「あまりのあるわり算」のまとめ

1 ピンポン球が34こあります。1はこに6こずつ入れていくと，何はこつめられますか。また，何こあまりますか。

[15点]

式

答え

2 色紙が40まいあります。7人に同じ数ずつ分けると，1人分は何まいになりますか。また，何まいあまりますか。

[15点]

式

答え

3 長さ70cmのリボンがあります。これを8cmずつに分けると，8cmのリボンは何本できますか。また，何cmあまりますか。

[15点]

式

答え

49

④ 子どもが30人います。1つの長いすに4人ずつすわると，長いすはいくついりますか。 [15点]

式

答え

⑤ 玉入れの玉が80こあり，それをかごにもどします。1回に9こずつもどすと，何回でぜんぶもどせるでしょう。 [20点]

式

答え

⑥ 内がわの長さが26cmの本立てがあります。この本立てに，1さつのあつさが3cmの図かんを立てていくと，何さつ立てられるでしょう。 [20点]

式

答え

24 大きな数 ― ①

> **問題** 次の計算をしましょう。
>
> (1) 42万＋39万　　(2) 7万×6
>
> **考え方** 1万がいくつになるかを考えます。
>
> (1) 42万は1万が42こ, 39万は1万が39こです。
>   合わせると, 42＋39＝81より, 1万が81こですから,
>   　　42万＋39万＝81万
>
> (2) 7万は1万が7こで, その6倍ですから,
>   　　7万×6＝42万
>
> **答え** (1) 81万　　(2) 42万

1 次の計算をしましょう。

[1問 4点]

(1) 15万＋27万　　　　(2) 49万＋57万

(3) 135万＋266万　　　(4) 72万－53万

(5) 98万－46万　　　　(6) 365万－248万

(7) 6万×9　　　　　　(8) 8万×5

(9) 28万÷4　　　　　(10) 36万÷9

勉強した日　月　日

時間 **20分**　合かく点 **80点**　答え べっさつ**11**ページ　とく点　点　色をぬろう 60 80 100

② 次の計算をしましょう。

[1問 3点]

(1) 34万＋53万　　(2) 72万＋13万

(3) 63万＋49万　　(4) 85万＋77万

(5) 324万＋455万　(6) 76万－32万

(7) 88万－51万　　(8) 95万－68万

(9) 64万－49万　　(10) 753万－429万

(11) 3万×8　　　　(12) 5万×7

(13) 6万×8　　　　(14) 7万×9

(15) 9万×6　　　　(16) 21万÷3

(17) 32万÷8　　　　(18) 42万÷6

(19) 56万÷7　　　　(20) 72万÷9

 大きな数 ── ②

問題 次の計算をしましょう。

(1) 456×10   (2) 456×100

考え方 8×10＝80のように，10倍した答えは，かけられる数のうしろに0を1こつけた数です。

また，10倍の10倍が100倍ですから，100倍した答えは，かけられる数のうしろに0を2こつけた数です。

| 456 ⟩ 10倍 |
| 4560 ⟩ 10倍 |
| 45600 ⟩ 10倍 |
| 456000 ⟩ 10倍 |
| 4560000 |

答え (1) 4560   (2) 45600

1 次の計算をしましょう。

[1問 5点]

(1) 26×10

(2) 47×10

(3) 58×10

(4) 265×10

(5) 381×10

(6) 34×100

(7) 62×100

(8) 71×100

(9) 152×100

(10) 463×100

問題 4560÷10を計算しましょう。

考え方 456×10＝4560より，4560は456を10こあつめた数ですから，4560を10こに分けると，1つ分は456になります。つまり，

4560÷10＝456

このように，わられる数の一の位が0のとき，10でわった答えはわられる数の一の位の0をとった数になります。

4560000 } 10でわる
456000 } 10でわる
45600 } 10でわる
4560 } 10でわる
456

答え 456

2 次の計算をしましょう。

[1問　5点]

(1) 350÷10

(2) 490÷10

(3) 770÷10

(4) 930÷10

(5) 800÷10

(6) 1230÷10

(7) 2570÷10

(8) 3600÷10

(9) 4810÷10

(10) 9000÷10

「大きな数」のまとめ

1 次の計算をしましょう。

[1問 3点]

(1) 54万＋26万

(2) 84万－45万

(3) 75万－56万

(4) 43万＋49万

(5) 81万－45万

(6) 75万＋47万

(7) 48万＋96万

(8) 126万－87万

(9) 416万＋329万

(10) 664万－385万

(11) 4万×9

(12) 35万÷7

(13) 40万÷8

(14) 6万×7

(15) 5万×6

(16) 27万÷3

(17) 7万×8

(18) 48万÷6

(19) 63万÷7

(20) 8万×9

次の計算をしましょう。

[1問　2点]

(1)　37 × 10

(2)　48 × 100

(3)　510 ÷ 10

(4)　63 × 10

(5)　790 ÷ 10

(6)　84 × 100

(7)　300 × 10

(8)　610 × 10

(9)　400 ÷ 10

(10)　360 × 100

(11)　240 × 100

(12)　2700 ÷ 10

(13)　3500 ÷ 10

(14)　190 × 100

(15)　5500 ÷ 10

(16)　680 × 10

(17)　600 × 100

(18)　460 × 10

(19)　540 × 10

(20)　3700 ÷ 10

27 かけ算(2)—①

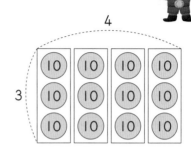

問題 次の計算をしましょう。

(1) 30×4　　(2) 400×6

考え方 (1) 30は10が3こです。その4倍ですから，10が(3×4)こ，つまり，12こで120となります。よって，30×4＝120

(2) 100が(4×6)こ，つまり，24こで2400となります。よって，400×6＝2400

このように，何十，何百のかけ算では，0をとってかけ算をして，その答えにとった分だけ0をつけます。

答え (1) 120　　(2) 2400

1 次の計算をしましょう。

[1問 4点]

(1) 40×8

(2) 50×7

(3) 70×4

(4) 80×6

(5) 90×5

(6) 200×4

(7) 300×9

(8) 600×7

(9) 400×5

(10) 500×8

次の計算をしましょう。 [1問　3点]

(1)　20 × 7

(2)　30 × 3

(3)　50 × 5

(4)　60 × 2

(5)　80 × 3

(6)　90 × 7

(7)　70 × 8

(8)　40 × 9

(9)　50 × 4

(10)　20 × 5

(11)　300 × 5

(12)　400 × 7

(13)　500 × 9

(14)　600 × 6

(15)　900 × 8

(16)　800 × 4

(17)　700 × 6

(18)　200 × 8

(19)　800 × 5

(20)　500 × 6

 **28** **かけ算(2) ― ②**

問題　34×2を，ひっ算で計算しましょう。

考え方　位をそろえてたてに かきます。まず，2を一の 位にかけ，その答えを一の 位にかきます。次に，2を 十の位にかけ，その答えを 十の位にかきます。

一の位にかける 2×4=8	十の位にかける 2×3=6
3 4 × 2 8	3 4 × 2 6 8

答え　68

1 ひっ算で計算しましょう。

[(1)〜(8)　1問　5点，(9)　6点]

(1)
```
      4
×     2
```

(2)
```
      3
×     5
```

(3)
```
      9
×     8
```

(4)
```
    2 3
×     3
```

(5)
```
    4 3
×     2
```

(6)
```
    2 1
×     4
```

(7)
```
    3 1
×     3
```

(8)
```
    3 2
×     2
```

(9)
```
    2 4
×     2
```

問題 19×4を，ひっ算で計算しましょう。

考え方　4を一の位にかけると36で，十の位に3くり上がります。

十の位にかけると4で，それにくり上がりの3をたして，十の位は7になります。

答え　76

一の位にかける
4×9＝36

十の位にかける
4×1＝4

$$\begin{array}{r} 19 \\ \times\ 4 \\ \hline {}^3 6 \end{array}$$

くり上がりの3

$$\begin{array}{r} 19 \\ \times\ 4 \\ \hline 76 \end{array}$$

十の位をたす
4＋3＝7

2 ひっ算で計算しましょう。

[1問　6点]

(1)
$$\begin{array}{r} 13 \\ \times\ 7 \\ \hline \end{array}$$

(2)
$$\begin{array}{r} 28 \\ \times\ 3 \\ \hline \end{array}$$

(3)
$$\begin{array}{r} 37 \\ \times\ 2 \\ \hline \end{array}$$

(4)
$$\begin{array}{r} 49 \\ \times\ 2 \\ \hline \end{array}$$

(5)
$$\begin{array}{r} 18 \\ \times\ 5 \\ \hline \end{array}$$

(6)
$$\begin{array}{r} 24 \\ \times\ 4 \\ \hline \end{array}$$

(7)
$$\begin{array}{r} 38 \\ \times\ 2 \\ \hline \end{array}$$

(8)
$$\begin{array}{r} 29 \\ \times\ 3 \\ \hline \end{array}$$

(9)
$$\begin{array}{r} 16 \\ \times\ 6 \\ \hline \end{array}$$

 **29** かけ算(2) ― ③

問題 62×3を, ひっ算で計算しましょう。

考え方 3を一の位にかける
と6で, くり上がりはあ
りません。
十の位にかけると18で,
8を十の位, くり上がり
の1を百の位にかきます。

一の位にかける 3×2＝6	十の位にかける 3×6＝18
6 2 × 3 ―――― 6	6 2 × 3 ―――― 1 8 6

答え 186

1 ひっ算で計算しましょう。

[(1)～(8) 1問 5点, (9) 6点]

(1)
```
    4 1
  ×   3
―――――――
```

(2)
```
    5 3
  ×   2
―――――――
```

(3)
```
    6 3
  ×   3
―――――――
```

(4)
```
    7 2
  ×   4
―――――――
```

(5)
```
    8 4
  ×   2
―――――――
```

(6)
```
    9 1
  ×   5
―――――――
```

(7)
```
    9 2
  ×   3
―――――――
```

(8)
```
    7 1
  ×   7
―――――――
```

(9)
```
    5 2
  ×   4
―――――――
```

勉強した日 　月　　日　　　時間 **20分**　合かく点 **80点**　答え べっさつ13ページ　とく点 　　　　点　色をぬろう 60　80　100

問題 45×7を, ひっ算で計算しましょう。

考え方 一の位にかけると35で, 十の位に3くり上がります。十の位にかけると28で, それにくり上がりの3をたすと31になりますから, 十の位は1, 百の位は3です。

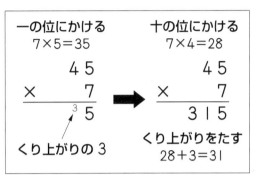

一の位にかける 7×5=35	十の位にかける 7×4=28

```
    4 5          4 5
  ×   7   ➡   ×   7
   ³  5          3 1 5
```

くり上がりの3　くり上がりをたす 28+3=31

答え 315

2 ひっ算で計算しましょう。

[1問　6点]

(1)
```
    4 5
  ×   3
```

(2)
```
    5 2
  ×   6
```

(3)
```
    7 4
  ×   4
```

(4)
```
    6 9
  ×   2
```

(5)
```
    3 4
  ×   6
```

(6)
```
    9 2
  ×   7
```

(7)
```
    8 7
  ×   5
```

(8)
```
    3 7
  ×   8
```

(9)
```
    7 6
  ×   9
```

30 かけ算(2)─④

1 ひっ算で計算しましょう。

[1問 3点]

(1)
```
      6
×     7
─────────
```

(2)
```
      8
×     4
─────────
```

(3)
```
      7
×     9
─────────
```

(4)
```
    1 2
×     4
─────────
```

(5)
```
    2 1
×     3
─────────
```

(6)
```
    3 1
×     2
─────────
```

(7)
```
    4 4
×     2
─────────
```

(8)
```
    1 3
×     3
─────────
```

(9)
```
    3 2
×     3
─────────
```

(10)
```
    1 6
×     5
─────────
```

(11)
```
    2 3
×     4
─────────
```

(12)
```
    1 7
×     4
─────────
```

(13)
```
    4 8
×     2
─────────
```

(14)
```
    2 7
×     3
─────────
```

(15)
```
    1 2
×     8
─────────
```

勉強した日　月　日　時間 20分　合かく点 80点　答え べっさつ14ページ　とく点　点　色をぬろう 60 80 100

2 ひっ算で計算しましょう。

[(1)〜(5) 1問 3点, (6)〜(15) 1問 4点]

(1)
```
    7 2
×     3
```

(2)
```
    4 3
×     3
```

(3)
```
    6 2
×     4
```

(4)
```
    5 4
×     2
```

(5)
```
    8 1
×     8
```

(6)
```
    9 2
×     2
```

(7)
```
    1 3
×     9
```

(8)
```
    3 5
×     4
```

(9)
```
    7 8
×     4
```

(10)
```
    6 4
×     4
```

(11)
```
    5 9
×     6
```

(12)
```
    8 2
×     7
```

(13)
```
    1 6
×     9
```

(14)
```
    4 7
×     8
```

(15)
```
    5 2
×     9
```

31 かけ算(2)── ⑤

1 ひっ算で計算しましょう。

［1問 3点］

(1)
```
    1 8
×     8
───────
```

(2)
```
    2 6
×     6
───────
```

(3)
```
    3 5
×     7
───────
```

(4)
```
    6 8
×     3
───────
```

(5)
```
    3 7
×     9
───────
```

(6)
```
    4 9
×     5
───────
```

(7)
```
    9 6
×     5
───────
```

(8)
```
    7 4
×     3
───────
```

(9)
```
    5 5
×     7
───────
```

(10)
```
    6 3
×     4
───────
```

(11)
```
    2 9
×     8
───────
```

(12)
```
    1 7
×     7
───────
```

(13)
```
    4 6
×     4
───────
```

(14)
```
    3 1
×     9
───────
```

(15)
```
    9 4
×     6
───────
```

2 ひっ算で計算しましょう。

[(1)〜(5) 1問 3点, (6)〜(15) 1問 4点]

(1)
$$\begin{array}{r} 1\ 9 \\ \times\quad 8 \\ \hline \end{array}$$

(2)
$$\begin{array}{r} 3\ 6 \\ \times\quad 3 \\ \hline \end{array}$$

(3)
$$\begin{array}{r} 5\ 4 \\ \times\quad 7 \\ \hline \end{array}$$

(4)
$$\begin{array}{r} 6\ 7 \\ \times\quad 5 \\ \hline \end{array}$$

(5)
$$\begin{array}{r} 4\ 3 \\ \times\quad 9 \\ \hline \end{array}$$

(6)
$$\begin{array}{r} 8\ 2 \\ \times\quad 6 \\ \hline \end{array}$$

(7)
$$\begin{array}{r} 2\ 5 \\ \times\quad 8 \\ \hline \end{array}$$

(8)
$$\begin{array}{r} 9\ 1 \\ \times\quad 4 \\ \hline \end{array}$$

(9)
$$\begin{array}{r} 7\ 5 \\ \times\quad 6 \\ \hline \end{array}$$

(10)
$$\begin{array}{r} 3\ 2 \\ \times\quad 5 \\ \hline \end{array}$$

(11)
$$\begin{array}{r} 7\ 7 \\ \times\quad 3 \\ \hline \end{array}$$

(12)
$$\begin{array}{r} 6\ 2 \\ \times\quad 9 \\ \hline \end{array}$$

(13)
$$\begin{array}{r} 9\ 4 \\ \times\quad 4 \\ \hline \end{array}$$

(14)
$$\begin{array}{r} 5\ 9 \\ \times\quad 7 \\ \hline \end{array}$$

(15)
$$\begin{array}{r} 8\ 4 \\ \times\quad 9 \\ \hline \end{array}$$

32 かけ算(2) ― ⑥

問題 458×3を, ひっ算で計算しましょう。

考え方 くり上がりに気をつけて, ていねいに計算します。

一の位にかける
3×8=24

$$
\begin{array}{r}
458 \\
\times\ \ \ \ 3 \\
\hline
{}^{2}4
\end{array}
$$

➡

十の位にかける
3×5=15

$$
\begin{array}{r}
458 \\
\times\ \ \ \ 3 \\
\hline
{}^{1}74
\end{array}
$$

くり上がりをたす
15+2=17

➡

百の位にかける
3×4=12

$$
\begin{array}{r}
458 \\
\times\ \ \ \ 3 \\
\hline
1374
\end{array}
$$

くり上がりをたす
12+1=13

答え 1374

1 ひっ算で計算しましょう。

[1問　5点]

(1)
$$
\begin{array}{r}
314 \\
\times\ \ \ \ 2 \\
\hline
\end{array}
$$

(2)
$$
\begin{array}{r}
231 \\
\times\ \ \ \ 3 \\
\hline
\end{array}
$$

(3)
$$
\begin{array}{r}
621 \\
\times\ \ \ \ 4 \\
\hline
\end{array}
$$

(4)
$$
\begin{array}{r}
408 \\
\times\ \ \ \ 7 \\
\hline
\end{array}
$$

(5)
$$
\begin{array}{r}
182 \\
\times\ \ \ \ 4 \\
\hline
\end{array}
$$

(6)
$$
\begin{array}{r}
543 \\
\times\ \ \ \ 6 \\
\hline
\end{array}
$$

勉強した日	月　日	時間 20分	合かく点 80点	答え べっさつ 14ページ	とく点 　　点	色をぬろう 60 80 100

2 ひっ算で計算しましょう。

[1問　7点]

(1)
```
    1 7 4
  ×     3
  -------
```

(2)
```
    4 1 9
  ×     2
  -------
```

(3)
```
    3 2 8
  ×     4
  -------
```

(4)
```
    2 4 7
  ×     6
  -------
```

(5)
```
    6 0 3
  ×     9
  -------
```

(6)
```
    8 4 6
  ×     5
  -------
```

(7)
```
    5 8 1
  ×     8
  -------
```

(8)
```
    2 5 9
  ×     7
  -------
```

(9)
```
    7 1 3
  ×     6
  -------
```

(10)
```
    6 4 2
  ×     8
  -------
```

68

33 かけ算(2) ― ⑦

1 ひっ算で計算しましょう。

[1問 5点]

(1)
```
    2 4 1
×       6
```

(2)
```
    1 6 9
×       4
```

(3)
```
    3 5 8
×       3
```

(4)
```
    5 2 4
×       8
```

(5)
```
    9 7 4
×       2
```

(6)
```
    4 3 5
×       7
```

(7)
```
    7 4 7
×       5
```

(8)
```
    6 0 9
×       9
```

(9)
```
    8 4 9
×       3
```

(10)
```
    5 9 6
×       7
```

2 ひっ算で計算しましょう。

[1問 5点]

(1)
```
    6 1 8
  ×     2
```

(2)
```
    4 7 5
  ×     8
```

(3)
```
    7 4 3
  ×     5
```

(4)
```
    8 9 4
  ×     4
```

(5)
```
    3 7 6
  ×     6
```

(6)
```
    1 9 3
  ×     9
```

(7)
```
    2 7 9
  ×     7
```

(8)
```
    5 6 8
  ×     3
```

(9)
```
    9 4 6
  ×     5
```

(10)
```
    5 2 7
  ×     9
```

34  「かけ算(2)」のまとめ

 80円切手を7まい買いました。代金はいくらでしょう。 [15点]

式

答え

 24本入りのジュースのはこが6はこあります。ジュースはぜんぶで何本あるでしょう。 [15点]

式

答え

③ リボンを1人に36cmずつ分けると，ちょうど9人に分けられました。はじめにリボンは何cmあったでしょう。 [15点]

式

答え

4 1さつで256ページの本が8さつあります。ぜんぶで何ページあるでしょう。　[15点]

式

答え

5 2L入りのジュースのねだんは1本198円です。このジュースを5本買うと，代金はいくらになるでしょう。　[20点]

式

答え

6 リボンが7mあります。かざりを1こつくるのに，リボンが74cmいります。かざりを9こつくると，リボンは何cmのこるでしょう。　[20点]

式

答え

35  わり算(2)

問題 次のわり算をしましょう。

(1) 60÷2　(2) 36÷3

考え方 (1) 60は10が6こです。

6÷2＝3より，60÷2の答えは10が3こです。

したがって　60÷2＝30

(2) 36は，30と6を合わせた数です。

30÷3＝10

6÷3＝2

合わせて　36÷3＝12

答え (1) 30　(2) 12

 次のわり算をしましょう。

[1問　5点]

(1) 40÷2

(2) 90÷3

(3) 80÷4

(4) 70÷7

(5) 28÷2

(6) 63÷3

(7) 48÷4

(8) 96÷3

(9) 68÷2

(10) 88÷4

2 えんぴつが60本あります。1人に3本ずつ分けると，何人に分けることができますか。　[15点]

式

答え

3 おかしを4つ買うと，84円でした。おかしは1つ何円でしょう。　[15点]

式

答え

4 64cmのテープをちょうど半分の長さに切ります。1本の長さは何cmになりますか。　[20点]

式

答え

 **36** 小数 —①

問題　1.5＋0.8を計算しましょう。

考え方　1.5は0.1が15こ, 0.8は0.1が8こです。

合わせると, 15＋8＝23より, 0.1が23こですから,

　　　1.5＋0.8＝2.3

となります。

ひっ算では, 次のように計算します。

　　位(小数点)をそろえてたてにかく。

　　整数と同じように計算する。

　　答えに小数点を打つ。

```
  1.5
+ 0.8
-----
  2.3
```

答え　2.3

1　次の計算をしましょう。

[1問　4点]

(1)　0.6＋0.3

(2)　0.7＋0.4

(3)　0.5＋0.8

(4)　0.8＋0.8

(5)　2.5＋1.4

(6)　4.3＋3.9

(7)　5.2＋2.9

(8)　6.5＋2.7

(9)　1.5＋4.8

(10)　3.7＋5.6

勉強した日　月　日

時間　20分

合かく点　80点

答え　べっさつ16ページ

とく点　点

色をぬろう　60　80　100

2 次の計算をしましょう。

[1問　3点]

(1) 0.3 + 0.5

(2) 0.9 + 0.6

(3) 0.4 + 0.8

(4) 0.7 + 0.2

(5) 2.3 + 0.6

(6) 0.4 + 4.8

(7) 5.3 + 2.4

(8) 8.4 + 1.2

(9) 3.5 + 1.9

(10) 4.1 + 5.7

(11) 6.3 + 4.8

(12) 5.5 + 7.3

(13) 8.7 + 6.6

(14) 9.2 + 4.5

(15) 7.4 + 3.8

(16) 5.4 + 4.7

(17) 3.6 + 8.3

(18) 6.7 + 8.9

(19) 4.3 + 7.4

(20) 9.4 + 8.8

37 小数 — ②

問題 次の計算をしましょう。

(1) 1.3＋2.7　　(2) 4.3＋5

考え方 (1) 1.3＋2.7＝4.0

このように，小数第1位が0になったときは，次のように，0を＼で消しておきます。

1.3＋2.7＝4.0̸

(2) 小数と整数の計算のときは，5を5.0のように，小数第1位が0と考えて計算します。

4.3＋5＝9.3

```
  4.3
+ 5.0
-----
  9.3
```

答え (1) 4　　(2) 9.3

1 次の計算をしましょう。

[1問 4点]

(1) 0.6＋0.4

(2) 0.8＋1.2

(3) 3.5＋1.5

(4) 4.7＋3.3

(5) 5.1＋4.9

(6) 2.7＋3

(7) 5＋4.2

(8) 6＋3.6

(9) 3.7＋5

(10) 8＋5.7

2 次の計算をしましょう。

[1問 3点]

(1) 0.3＋0.7　　(2) 1.4＋1.6

(3) 5＋3.8　　(4) 2.6＋7

(5) 2.8＋1.2　　(6) 4.1＋3.9

(7) 6.3＋2　　(8) 4＋3.3

(9) 5.6＋6.4　　(10) 8.5＋4.5

(11) 7＋4.8　　(12) 5＋9.3

(13) 8.3＋5.7　　(14) 7.1＋4.9

(15) 6.9＋6　　(16) 2＋8.4

(17) 5.8＋8.2　　(18) 7.9＋8.1

(19) 4＋7.7　　(20) 8.4＋9

38 小数 ― ③

1 次の計算をしましょう。

[1問　2点]

(1)　0.2 + 0.4

(2)　0.9 + 0.5

(3)　0.4 + 0.7

(4)　0.6 + 0.8

(5)　0.5 + 0.2

(6)　0.9 + 0.4

(7)　2.3 + 1.4

(8)　1.7 + 0.8

(9)　3.6 + 1.3

(10)　2.2 + 3.5

(11)　4 + 3.8

(12)　3.4 + 4.7

(13)　2.5 + 9.3

(14)　8.7 + 3.6

(15)　6.5 + 2.5

(16)　3.7 + 8

(17)　4.6 + 5.4

(18)　6.6 + 8.3

(19)　7 + 4.9

(20)　3.4 + 6.6

勉強した日　月　日　時間 **20分**　合かく点 **80点**　答え べっさつ 17ページ　とく点　点　色をぬろう 60 80 100

2 次の計算をしましょう。

[1問 3点]

(1) $54.3 + 19.5$

(2) $37.2 + 22.9$

(3) $26.8 + 31.1$

(4) $57.2 + 38.1$

(5) $30.5 + 29.6$

(6) $17.8 + 3.2$

(7) $27.3 + 10.8$

(8) $33.3 + 24.5$

(9) $8.1 + 62.7$

(10) $24.6 + 32.8$

(11) $31 + 9.3$

(12) $36.5 + 4.7$

(13) $8.7 + 45.9$

(14) $43.8 + 38.1$

(15) $12.5 + 37.5$

(16) $19.4 + 1.4$

(17) $13.4 + 27$

(18) $56.9 + 9$

(19) $20.3 + 9.7$

(20) $52.4 + 38.6$

 **小数 —— ④**

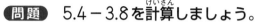

問題　5.4 − 3.8 を計算しましょう。

考え方　5.4 は 0.1 が 54 こ，3.8 は 0.1 が 38 こです。

ひくと，54 − 38 ＝ 16 より，0.1 が 16 こですから，

5.4 − 3.8 ＝ 1.6

となります。

ひっ算では，次のように計算します。

位（小数点）をそろえてたてにかく。

整数と同じように計算する。

答えに小数点を打つ。

```
   5.4
 - 3.8
 ─────
   1.6
```

答え　1.6

1　次の計算をしましょう。

[1問　4点]

(1)　2.9 − 1.4

(2)　5.7 − 2.3

(3)　6.8 − 1.5

(4)　4.6 − 1.2

(5)　5.4 − 1.7

(6)　6.3 − 2.9

(7)　8.2 − 4.3

(8)　7.4 − 5.3

(9)　9.6 − 3.7

(10)　6.5 − 4.8

勉強した日	月 日	時間 20分	合かく点 80点	答え べっさつ 17ページ	とく点 点	色をぬろう 60 80 100

 次の計算をしましょう。

[1問 3点]

(1)　3.7 − 2.5

(2)　4.5 − 3.2

(3)　9.8 − 4.2

(4)　5.1 − 2.6

(5)　7.7 − 3.9

(6)　6.4 − 3.8

(7)　8.1 − 3.7

(8)　4.8 − 1.6

(9)　5.5 − 3.7

(10)　7.2 − 1.8

(11)　9.3 − 5.6

(12)　5.6 − 0.7

(13)　6.7 − 1.3

(14)　8.4 − 6.8

(15)　4.4 − 0.9

(16)　7.1 − 3.4

(17)　9.2 − 6.9

(18)　5.3 − 1.4

(19)　3.6 − 0.8

(20)　6.1 − 4.2

 小数 ─ ⑤

問題 次の計算をしましょう。

(1) 5 － 3.2　　(2) 6.1 － 5.4

考え方 (1) 整数と小数の計算では，5を5.0のように，小数第1位を0と考えます。
ひっ算は，右のようになり，

5 － 3.2 ＝ 1.8

$$
\begin{array}{r}
5.0 \\
- 3.2 \\
\hline
1.8
\end{array}
$$

(2) 答えが1より小さくなるときは，一の位は0とします。ひっ算は，右のようになり，

6.1 － 5.4 ＝ 0.7

$$
\begin{array}{r}
6.1 \\
- 5.4 \\
\hline
0.7
\end{array}
$$

答え (1) 1.8　　(2) 0.7

1 次の計算をしましょう。

[1問 4点]

(1) 6 － 2.4

(2) 7.2 － 4

(3) 3.6 － 3.2

(4) 4.6 － 3.7

(5) 5.7 － 3

(6) 8 － 4.9

(7) 6.5 － 6.1

(8) 5.3 － 4.6

(9) 8.3 － 7

(10) 9.2 － 8.4

2 次の計算をしましょう。

[1問 3点]

(1) 4.6 − 4.3　　(2) 1.5 − 0.8

(3) 3.7 − 3.2　　(4) 2.4 − 1.6

(5) 3.5 − 1.5　　(6) 6.4 − 4.4

(7) 6 − 2.1　　(8) 9 − 5.3

(9) 8 − 6.5　　(10) 1 − 0.7

(11) 4.2 − 3　　(12) 7.2 − 5

(13) 8.6 − 8　　(14) 2.4 − 2

(15) 6.1 − 5.3　　(16) 7.4 − 7.2

(17) 5.3 − 5.3　　(18) 4.9 − 2.9

(19) 7.2 − 6.4　　(20) 9 − 0.9

41  小数 — ⑥

1 次の計算をしましょう。

[1問 2点]

(1) 0.8 − 0.3

(2) 0.9 − 0.2

(3) 1.7 − 0.4

(4) 2.3 − 0.1

(5) 4.4 − 2.7

(6) 6.3 − 3.5

(7) 9.1 − 5.6

(8) 7.3 − 2.4

(9) 5.5 − 4.9

(10) 8.6 − 8.1

(11) 5 − 3.1

(12) 7.5 − 4

(13) 6.9 − 6

(14) 4 − 3.3

(15) 8.2 − 7.4

(16) 8.9 − 2.9

(17) 5.2 − 5.1

(18) 4.5 − 2.7

(19) 9 − 6.2

(20) 7.4 − 6.7

2 次の計算をしましょう。

［1問　3点］

(1) 67.8 − 43.2

(2) 74.7 − 24.9

(3) 53.1 − 34.6

(4) 20.4 − 19.5

(5) 44 − 14.7

(6) 25.6 − 13

(7) 33.7 − 26

(8) 80 − 57.3

(9) 52.6 − 8.7

(10) 70.6 − 4.9

(11) 22.3 − 9.3

(12) 43.6 − 8.6

(13) 52.3 − 8

(14) 75.3 − 9

(15) 40 − 0.3

(16) 60 − 0.6

(17) 85.1 − 80.2

(18) 73.8 − 72.9

(19) 61.4 − 31.8

(20) 97.4 − 47.6

42 「小数」のまとめ ― ①

1 次の計算をしましょう。

[1問 2点]

(1) $1.6 + 3.5$

(2) $8.5 - 3.4$

(3) $4.5 + 3.3$

(4) $6.8 - 3.9$

(5) $6.7 + 4.7$

(6) $3.4 - 3.1$

(7) $4.5 - 3.5$

(8) $5.3 + 2.7$

(9) $9 - 2.6$

(10) $8.1 - 3$

(11) $4.3 + 3$

(12) $6 + 1.2$

(13) $43.5 - 32.6$

(14) $53.7 + 27.1$

(15) $34.8 - 31.3$

(16) $35.3 + 9.7$

(17) $32.5 + 58.5$

(18) $54.6 - 3.9$

(19) $34.6 - 24.6$

(20) $47.8 + 32.6$

2　次の計算をしましょう。

[1問　3点]

(1)　$3.5 + 5.6$

(2)　$5.9 + 1.6$

(3)　$6.9 - 3.2$

(4)　$8.1 - 4.3$

(5)　$11 - 4.3$

(6)　$5.6 + 8$

(7)　$4 + 7.8$

(8)　$13.5 - 6$

(9)　$16.5 - 8.8$

(10)　$4.3 + 8.5$

(11)　$12.6 - 3.6$

(12)　$5.5 + 14.7$

(13)　$57.2 + 3$

(14)　$75 - 9.8$

(15)　$38 + 6.7$

(16)　$42.9 - 7$

(17)　$32.7 + 57.5$

(18)　$84.6 - 69.3$

(19)　$50.4 - 49.6$

(20)　$45.7 + 53.8$

 **43** 「小数」のまとめ ― ②

1 7.3cm のストローと 3.6cm のストローをセロテープでつなぐと，何cm のストローになりますか。 [15点]

式

答え

2 2.2L のお湯が入るポットがあります。このポットのお湯を 0.5L 使いました。ポットにのこっているお湯は何L ですか。 [15点]

式

答え

3 9km のハイキングコースを歩いていると，「のこり 2.8km」と書いてありました。これまでに，何km 歩いたでしょう。 [15点]

式

答え

4 家から公園までは1.6km, 公園から駅までは2.5kmです。家から公園を通って駅へ行くときの道のりは何kmですか。

[15点]

式

答え

5 牛にゅうが5.6Lあります。そのうち, 12人で3.5Lのみました。のこりは何Lでしょう。

[20点]

式

答え

6 3つの辺の長さが, 3.6cm, 4.3cm, 5.2cmの三角形があります。この三角形のまわりの長さは何cmでしょう。

[20点]

式

答え

 **分数 ― ①**

問題　$\dfrac{3}{8} + \dfrac{2}{8}$ を計算しましょう。

考え方　$\dfrac{3}{8}$ は，$\dfrac{1}{8}$ を3つあつめた数です。

$\dfrac{2}{8}$ は，$\dfrac{1}{8}$ を2つあつめた数です。

合わせると，$\dfrac{1}{8}$ が5つですから，

$$\dfrac{3}{8} + \dfrac{2}{8} = \dfrac{5}{8}$$

$$\dfrac{\bigcirc}{\triangle} + \dfrac{\square}{\triangle} = \dfrac{\bigcirc + \square}{\triangle}$$

答え　$\dfrac{5}{8}$

1　次の計算をしましょう。

[1問　4点]

(1)　$\dfrac{1}{5} + \dfrac{3}{5}$

(2)　$\dfrac{3}{7} + \dfrac{2}{7}$

(3)　$\dfrac{2}{8} + \dfrac{1}{8}$

(4)　$\dfrac{3}{9} + \dfrac{5}{9}$

(5)　$\dfrac{2}{7} + \dfrac{4}{7}$

(6)　$\dfrac{3}{6} + \dfrac{2}{6}$

(7)　$\dfrac{6}{9} + \dfrac{2}{9}$

(8)　$\dfrac{3}{10} + \dfrac{4}{10}$

(9)　$\dfrac{5}{11} + \dfrac{4}{11}$

(10)　$\dfrac{13}{20} + \dfrac{4}{20}$

勉強した日　月　日

時間 **20分**　合かく点 **80点**　答え べっさつ20ページ　とく点　点

色をぬろう 60 80 100

2 次の計算をしましょう。

[1問　3点]

(1) $\dfrac{5}{7} + \dfrac{1}{7}$

(2) $\dfrac{1}{6} + \dfrac{4}{6}$

(3) $\dfrac{3}{9} + \dfrac{2}{9}$

(4) $\dfrac{2}{8} + \dfrac{5}{8}$

(5) $\dfrac{4}{10} + \dfrac{5}{10}$

(6) $\dfrac{5}{10} + \dfrac{2}{10}$

(7) $\dfrac{2}{11} + \dfrac{7}{11}$

(8) $\dfrac{5}{13} + \dfrac{4}{13}$

(9) $\dfrac{7}{14} + \dfrac{4}{14}$

(10) $\dfrac{8}{12} + \dfrac{3}{12}$

(11) $\dfrac{8}{13} + \dfrac{4}{13}$

(12) $\dfrac{10}{14} + \dfrac{3}{14}$

(13) $\dfrac{7}{17} + \dfrac{8}{17}$

(14) $\dfrac{8}{15} + \dfrac{5}{15}$

(15) $\dfrac{6}{16} + \dfrac{7}{16}$

(16) $\dfrac{4}{12} + \dfrac{7}{12}$

(17) $\dfrac{5}{16} + \dfrac{8}{16}$

(18) $\dfrac{6}{17} + \dfrac{8}{17}$

(19) $\dfrac{8}{19} + \dfrac{7}{19}$

(20) $\dfrac{8}{20} + \dfrac{11}{20}$

 **分数 — ②**

問題　$\dfrac{6}{7} - \dfrac{4}{7}$ を計算しましょう。

考え方　$\dfrac{6}{7}$ は，$\dfrac{1}{7}$ を6つあつめた数です。

$\dfrac{4}{7}$ は，$\dfrac{1}{7}$ を4つあつめた数です。

ひくと，$\dfrac{1}{7}$ が2つですから，

$$\dfrac{6}{7} - \dfrac{4}{7} = \dfrac{2}{7}$$

$$\dfrac{\bigcirc}{\triangle} - \dfrac{\square}{\triangle} = \dfrac{\bigcirc - \square}{\triangle}$$

答え　$\dfrac{2}{7}$

1 次の計算をしましょう。

[1問　4点]

(1)　$\dfrac{2}{3} - \dfrac{1}{3}$

(2)　$\dfrac{4}{5} - \dfrac{3}{5}$

(3)　$\dfrac{4}{6} - \dfrac{3}{6}$

(4)　$\dfrac{6}{8} - \dfrac{1}{8}$

(5)　$\dfrac{8}{9} - \dfrac{3}{9}$

(6)　$\dfrac{5}{7} - \dfrac{2}{7}$

(7)　$\dfrac{8}{10} - \dfrac{5}{10}$

(8)　$\dfrac{9}{11} - \dfrac{6}{11}$

(9)　$\dfrac{7}{12} - \dfrac{6}{12}$

(10)　$\dfrac{12}{15} - \dfrac{5}{15}$

勉強した日　月　日

時間 **20分**　合かく点 **80点**　答え べっさつ20ページ

とく点　点

色をぬろう 　60　80　100

2 次の計算をしましょう。

[1問　3点]

(1) $\dfrac{3}{7} - \dfrac{1}{7}$

(2) $\dfrac{3}{4} - \dfrac{2}{4}$

(3) $\dfrac{4}{5} - \dfrac{2}{5}$

(4) $\dfrac{6}{8} - \dfrac{3}{8}$

(5) $\dfrac{5}{6} - \dfrac{4}{6}$

(6) $\dfrac{8}{10} - \dfrac{1}{10}$

(7) $\dfrac{8}{9} - \dfrac{4}{9}$

(8) $\dfrac{6}{7} - \dfrac{3}{7}$

(9) $\dfrac{4}{5} - \dfrac{1}{5}$

(10) $\dfrac{7}{8} - \dfrac{2}{8}$

(11) $\dfrac{7}{9} - \dfrac{2}{9}$

(12) $\dfrac{10}{11} - \dfrac{4}{11}$

(13) $\dfrac{9}{12} - \dfrac{4}{12}$

(14) $\dfrac{9}{10} - \dfrac{2}{10}$

(15) $\dfrac{9}{13} - \dfrac{4}{13}$

(16) $\dfrac{13}{15} - \dfrac{6}{15}$

(17) $\dfrac{15}{16} - \dfrac{8}{16}$

(18) $\dfrac{12}{14} - \dfrac{3}{14}$

(19) $\dfrac{11}{13} - \dfrac{5}{13}$

(20) $\dfrac{18}{19} - \dfrac{6}{19}$

 **分数 — ③**

> **問題** $1 - \dfrac{3}{5}$ を計算しましょう。
>
> **考え方** 1 は，分母と分子が等しい分数と考えます。
>
> つまり，$1 = \dfrac{5}{5}$ と考えて，
>
> $$1 - \dfrac{3}{5} = \dfrac{5}{5} - \dfrac{3}{5} = \dfrac{2}{5}$$
>
> **答え** $\dfrac{2}{5}$

1 次の計算をしましょう。

[1問 4点]

(1) $1 - \dfrac{2}{3}$

(2) $1 - \dfrac{2}{5}$

(3) $1 - \dfrac{1}{6}$

(4) $1 - \dfrac{1}{2}$

(5) $1 - \dfrac{3}{4}$

(6) $1 - \dfrac{3}{7}$

(7) $1 - \dfrac{3}{8}$

(8) $1 - \dfrac{5}{9}$

(9) $1 - \dfrac{2}{9}$

(10) $1 - \dfrac{3}{11}$

次の計算をしましょう。

[1問　3点]

(1) $\dfrac{2}{7} + \dfrac{1}{7}$

(2) $\dfrac{4}{6} - \dfrac{3}{6}$

(3) $\dfrac{3}{9} + \dfrac{4}{9}$

(4) $\dfrac{6}{8} - \dfrac{1}{8}$

(5) $\dfrac{4}{5} - \dfrac{2}{5}$

(6) $\dfrac{3}{10} + \dfrac{6}{10}$

(7) $\dfrac{3}{7} + \dfrac{3}{7}$

(8) $\dfrac{6}{7} - \dfrac{4}{7}$

(9) $\dfrac{3}{8} + \dfrac{4}{8}$

(10) $\dfrac{8}{9} - \dfrac{3}{9}$

(11) $\dfrac{9}{10} - \dfrac{2}{10}$

(12) $\dfrac{6}{11} + \dfrac{4}{11}$

(13) $\dfrac{12}{13} - \dfrac{4}{13}$

(14) $\dfrac{11}{14} - \dfrac{6}{14}$

(15) $\dfrac{6}{17} + \dfrac{10}{17}$

(16) $\dfrac{9}{15} + \dfrac{5}{15}$

(17) $\dfrac{5}{16} + \dfrac{8}{16}$

(18) $\dfrac{14}{17} - \dfrac{8}{17}$

(19) $\dfrac{13}{15} - \dfrac{9}{15}$

(20) $\dfrac{7}{13} + \dfrac{4}{13}$

96

 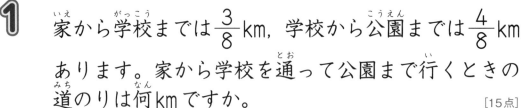

47 「分数」のまとめ

1 家から学校までは $\frac{3}{8}$ km, 学校から公園までは $\frac{4}{8}$ km あります。家から学校を通って公園まで行くときの道のりは何kmですか。 [15点]

式

答え

2 牛にゅうが $\frac{2}{7}$ L, ジュースが $\frac{5}{7}$ L あります。どちらが何L多いでしょう。 [15点]

式

答え

3 ふくろ入りのさとうを1kg買いました。そのうち, $\frac{5}{6}$ kg をビンに入れました。ふくろにのこっているさとうは, 何kgでしょう。 [15点]

式

答え

4 $\frac{9}{10}$mのリボンを買いました。そのうち，$\frac{6}{10}$m使いました。のこりは何mでしょう。 [15点]

式

答え

5 2つのコップに，ジュースが$\frac{3}{9}$Lと$\frac{5}{9}$L入っています。合わせると何Lになるでしょう。 [20点]

式

答え

6 大きいはこは$\frac{7}{12}$kg，小さいはこは$\frac{5}{12}$kgです。合わせて何kgになるでしょう。 [20点]

式

答え

 **□を使った式**

問題 次の□にあてはまる数をもとめましょう。

(1) □÷6＝5　　(2) 21÷□＝7

考え方 (1) 6こずつ分けたものが5

こできることから

□＝6×5＝30

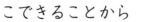

6が5こ

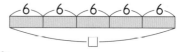

われる数をもとめるときは，**かけ算**になります。

(2) 21このものを□こずつ分けた

ものが7こできることから

□×7＝21　　□＝21÷7＝3

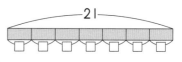

□が7こ

わる数をもとめるときは，**わり算**になります。

答え (1) 30　　(2) 3

 次の□にあてはまる数をもとめましょう。

［1問 7点］

(1) □＋16＝35　　　　(2) 25＋□＝41

(3) □－37＝46　　　　(4) 61－□＝28

(5) □×8＝56　　　　(6) 6×□＝54

(7) □÷9＝4　　　　(8) 72÷□＝9

2 色紙が何まいかありました。妹に15まいあげると，のこりは39まいになりました。 [1問 11点]

(1) はじめの色紙の数を□まいとして，□を使った式をつくりましょう。

式 _____

(2) はじめにもっていた色紙の数をもとめましょう。

答え _____

3 えんぴつを何本かずつ8人にくばると，えんぴつの数はぜんぶで48本になりました。 [1問 11点]

(1) 1人にくばるえんぴつの数を□本として，□を使った式をつくりましょう。

式 _____

(2) 1人にくばるえんぴつの数をもとめましょう。

答え _____

かけ算(3) ── ①

問題 次の計算をしましょう。

(1) 70×40   (2) 600×80

考え方 (1) 40を4×10と考えて,

70×40＝70×4×10＝280×10＝2800

これは, 0をとって, 7×4＝28としたあと, とった分の0を2こつけて, 2800としていると考えられます。

(2) 80を8×10と考えて,

600×80＝600×8×10＝4800×10＝48000

このように, 何十, 何百のかけ算では, 0をとってかけ算をして, その答えにとった分だけ0をつけます。

答え (1) 2800   (2) 48000

 次の計算をしましょう。

[1問 5点]

(1) 90×30   (2) 30×60

(3) 50×70   (4) 20×90

(5) 60×40   (6) 80×70

(7) 40×50   (8) 50×80

(9) 200×70   (10) 600×90

問題 次の計算をしましょう。

(1)　26 × 70　(2)　380 × 40

考え方 (1)　26 × 7 = 182 ですから，

26 × 70 = 26 × 7 × 10 = 182 × 10 = 1820

(2)　380 × 4 = 1520 ですから，

380 × 40 = 380 × 4 × 10 = 1520 × 10 = 15200

このように，**何十，何百のかけ算**では，0をとってかけ算をして，その答えにとった分だけ0をつけます。

答え　(1)　1820　(2)　15200

2 次の計算をしましょう。

[1問 5点]

(1)　34 × 70

(2)　46 × 30

(3)　73 × 50

(4)　64 × 80

(5)　93 × 40

(6)　56 × 90

(7)　87 × 20

(8)　25 × 60

(9)　430 × 50

(10)　620 × 90

 かけ算(3) ── ②

問題 53×47を，ひっ算で計算しましょう。

考え方 47を，40と7に分けて考えます。

一の位をかけて，
$$53×7=371$$
十の位をかけて，
$$53×40=2120$$
これらをたして，
$$371+2120=2491$$

```
        5 3
    ×   4 7      ← 一の位をかける 53×7
      3 7 1
    2 1 2 0      ← 十の位をかける 53×40
    ─────        一の位の0は，書かない
    2 4 9 1      ← 371+2120 を計算する
```

答え 2491

1 ひっ算で計算しましょう。

[(1)〜(5) 1問 6点，(6) 7点]

(1)
```
      3 4
  ×   1 7
```

(2)
```
      2 6
  ×   2 4
```

(3)
```
      4 2
  ×   3 1
```

(4)
```
      5 9
  ×   3 6
```

(5)
```
      6 3
  ×   5 2
```

(6)
```
      9 7
  ×   4 5
```

| 勉強した日 | 月 日 | | 時間 **20分** | 合かく点 **80点** | 答え べっさつ **23**ページ | とく点　　　点 | 色をぬろう ☆60 ☆80 ☆100 |

2 ひっ算で計算しましょう。

[1問 7点]

(1)
```
   8 1
 × 3 6
```

(2)
```
   7 0
 × 6 4
```

(3)
```
   3 7
 × 1 8
```

(4)
```
   5 2
 × 4 8
```

(5)
```
   6 2
 × 1 9
```

(6)
```
   4 5
 × 2 8
```

(7)
```
   9 2
 × 2 6
```

(8)
```
   2 7
 × 7 4
```

(9)
```
   4 9
 × 3 8
```

51　かけ算(3)— ③

 ひっ算で計算しましょう。

[(1)〜(8)　1問　5点, (9)　6点]

(1)
```
    3 5
×   2 4
```

(2)
```
    5 7
×   6 6
```

(3)
```
    6 4
×   7 5
```

(4)
```
    7 0
×   6 2
```

(5)
```
    6 2
×   5 6
```

(6)
```
    4 0
×   2 5
```

(7)
```
    8 4
×   3 4
```

(8)
```
    2 8
×   7 1
```

(9)
```
    9 3
×   4 7
```

勉強した日　月　日

時間 20分　合かく点 80点　答え べっさつ23ページ　とく点 点　色をぬろう 60 80 100

2 ひっ算で計算しましょう。

[1問 6点]

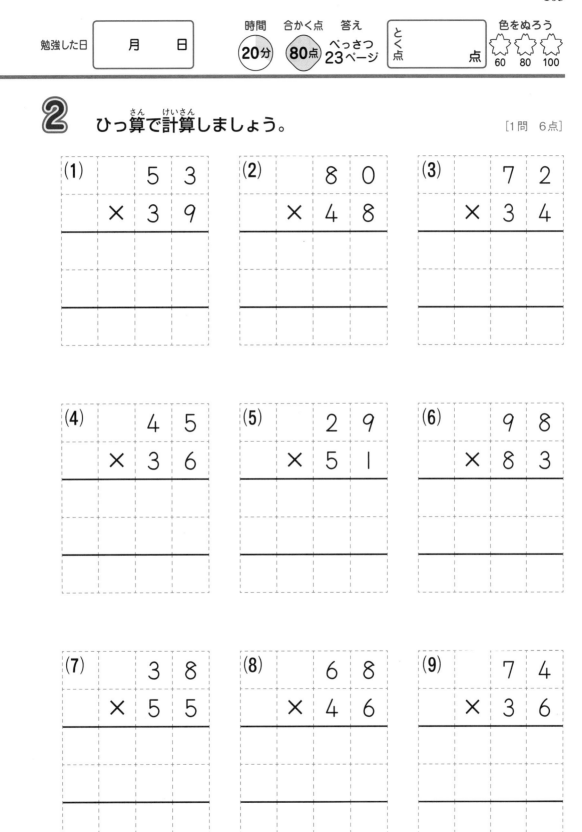

(1)
```
    5 3
×   3 9
```

(2)
```
    8 0
×   4 8
```

(3)
```
    7 2
×   3 4
```

(4)
```
    4 5
×   3 6
```

(5)
```
    2 9
×   5 1
```

(6)
```
    9 8
×   8 3
```

(7)
```
    3 8
×   5 5
```

(8)
```
    6 8
×   4 6
```

(9)
```
    7 4
×   3 6
```

52  かけ算(3) — ④

 ひっ算で計算しましょう。

[(1)～(8) 1問 5点, (9) 6点]

(1)
```
    3 9
×   2 9
```

(2)
```
    7 2
×   7 3
```

(3)
```
    1 2
×   6 8
```

(4)
```
    2 7
×   4 2
```

(5)
```
    6 6
×   1 8
```

(6)
```
    4 3
×   5 1
```

(7)
```
    5 3
×   2 6
```

(8)
```
    8 2
×   4 3
```

(9)
```
    9 5
×   3 5
```

2 ひっ算で計算しましょう。

[1問 6点]

(1)
```
    1 9
×   6 2
```

(2)
```
    7 8
×   1 9
```

(3)
```
    6 4
×   5 3
```

(4)
```
    8 3
×   4 5
```

(5)
```
    2 2
×   8 1
```

(6)
```
    5 7
×   3 8
```

(7)
```
    9 1
×   2 7
```

(8)
```
    4 6
×   7 4
```

(9)
```
    3 5
×   9 6
```

かけ算(3) ― ⑤

 ひっ算で計算しましょう。

[(1)～(5) 1問 6点, (6)～(9) 1問 7点]

(1)
```
    2 6
  × 3 3
```

(2)
```
    9 3
  × 2 4
```

(3)
```
    3 5
  × 4 1
```

(4)
```
    1 8
  × 6 2
```

(5)
```
    5 2
  × 1 7
```

(6)
```
  2 7 4
  ×   3 6
```

(7)
```
  3 6 9
  ×   1 9
```

(8)
```
  3 4 1
  ×   2 5
```

(9)
```
  2 0 7
  ×   4 8
```

勉強した日　月　日

時間 20分　合かく点 80点　答え べっさつ24ページ　とく点　点　色をぬろう 60 80 100

2 ひっ算で計算しましょう。

[1問 7点]

(1)
$$\begin{array}{r} 379 \\ \times\ 31 \\ \hline \end{array}$$

(2)
$$\begin{array}{r} 618 \\ \times\ 45 \\ \hline \end{array}$$

(3)
$$\begin{array}{r} 427 \\ \times\ 83 \\ \hline \end{array}$$

(4)
$$\begin{array}{r} 794 \\ \times\ 28 \\ \hline \end{array}$$

(5)
$$\begin{array}{r} 945 \\ \times\ 67 \\ \hline \end{array}$$

(6)
$$\begin{array}{r} 536 \\ \times\ 56 \\ \hline \end{array}$$

54  「かけ算(3)」のまとめ

1 色紙を１人に32まいずつ，28人にくばります。色紙は何まいいるでしょう。 [15点]

式

答え

2 １本145円のジュースを24本買いました。代金はいくらでしょう。 [15点]

式

答え

3 長さが16cmのリボンを63本つくります。リボンはぜんぶで何cmいりますか。また，それは何m何cmですか。 [15点]

式

答え

勉強した日 | 月 日

時間 **20分**　合かく点 **80点**　答え べっさつ24ページ　とく点 　点　色をぬろう 60 80 100

4 1こ53円のアイスクリームを18こ買いました。1000円だすと, おつりはいくらでしょう。　[15点]

式

答え

5 2L入りのジュースが6本ずつはこに入っています。このはこが28こあるとき, ジュースはぜんぶで何Lになるでしょう。　[20点]

式

答え

6 1人に, 1本50円のサインペンと1まい12円の画用紙をくばります。32人分買うと, 代金はいくらになるでしょう。　[20点]

式

答え

④

■執筆者 ― 山腰政喜
■レイアウト・デザイン ― アトリエ ウインクル

シグマベスト

トコトン算数
小学3年の計算ドリル

© BUN-EIDO　2010　　　　Printed in Japan

編　者　文英堂編集部
発行者　益井英郎
印刷所　日本写真印刷株式会社
発行所　株式会社　文英堂

〒601-8121　京都市南区上鳥羽大物町28
〒162-0832　東京都新宿区岩戸町17
（代表）03-3269-4231

●落丁・乱丁はおとりかえします。

学習の記ろく

内よう	勉強した日	とく点	とく点グラフ 0 20 40 60 80 100
かき方	4月 16日	83点	▓▓▓▓▓▓▓▓▓▓▓
① かけ算（1）－①	月　日	点	
② かけ算（1）－②	月　日	点	
③ かけ算（1）－③	月　日	点	
④ かけ算（1）－④	月　日	点	
⑤ かけ算（1）－⑤	月　日	点	
⑥ かけ算（1）－⑥	月　日	点	
⑦ 「かけ算（1）」のまとめ	月　日	点	
⑧ わり算（1）－①	月　日	点	
⑨ わり算（1）－②	月　日	点	
⑩ わり算（1）－③	月　日	点	
⑪ 「わり算（1）」のまとめ－①	月　日	点	
⑫ 「わり算（1）」のまとめ－②	月　日	点	
⑬ 3けたの数の計算－①	月　日	点	
⑭ 3けたの数の計算－②	月　日	点	
⑮ 3けたの数の計算－③	月　日	点	
⑯ 3けたの数の計算－④	月　日	点	
⑰ 3けたの数の計算－⑤	月　日	点	
⑱ 3けたの数の計算－⑥	月　日	点	
⑲ 「3けたの数の計算」のまとめ	月　日	点	
⑳ あまりのあるわり算－①	月　日	点	
㉑ あまりのあるわり算－②	月　日	点	
㉒ あまりのあるわり算－③	月　日	点	
㉓ 「あまりのあるわり算」のまとめ	月　日	点	
㉔ 大きな数－①	月　日	点	
㉕ 大きな数－②	月　日	点	
㉖ 「大きな数」のまとめ	月　日	点	
㉗ かけ算（2）－①	月　日	点	

トコトン算数

小学3年の
計算ドリル

答え

● 「答え」は見やすいように，わくでかこみました。

指導される方へ ▶ 3年の学習のねらいや内容を理解してもらうように， 指導上の注意 の欄を設けました。

文英堂

❶ かけ算(1)──①

(1) 2 　(2) 3 　(3) 5 　(4) 8
(5) 4 　(6) 7 　(7) 6 　(8) 9
(9) 3 　(10) 2

2
(1) 3 　(2) 2 　(3) 9 　(4) 3
(5) 7 　(6) 2 　(7) 8 　(8) 9
(9) 5 　(10) 9

指導上の注意

▶かける数が１増えると，答えはかけられる数だけ増えます。また，かける数が１減ると，答えはかけられる数だけ減ります。**1**(9)は，等号の左側は6が8個，右側は6が5個ですから，6があと3個あれば等しくなるので，□に3がはいります。

---

❷ かけ算(1)──②

(1) 50 　(2) 20 　(3) 40 　(4) 70
(5) 90 　(6) 60 　(7) 0 　(8) 0
(9) 0 　(10) 0

2
(1) 0 　(2) 70 　(3) 20 　(4) 0
(5) 40 　(6) 0 　(7) 0 　(8) 10
(9) 80 　(10) 50 　(11) 0 　(12) 0
(13) 0 　(14) 0 　(15) 10 　(16) 90
(17) 0 　(18) 80 　(19) 0 　(20) 100

▶10のかけ算と0のかけ算です。問題では，「なぜそうなるか」を説明していますが，実際に計算させるときは，

　10のかけ算はうしろに0がつく
　0のかけ算は0になる

ことを利用させてください。

---

❸ かけ算(1)──③

1
(1) 6 　(2) 8 　(3) 7 　(4) 4
(5) 9 　(6) 8 　(7) 6 　(8) 5
(9) 7 　(10) 9

2
(1) 2 　(2) 9 　(3) 3 　(4) 5
(5) 3 　(6) 3 　(7) 5 　(8) 2
(9) 7 　(10) 8 　(11) 8 　(12) 6
(13) 7 　(14) 5 　(15) 2 　(16) 3
(17) 2 　(18) 6 　(19) 9 　(20) 9

▶□にあてはまる数を求める問題です。かけ算の九九から，あてはまる数をさがしますが，これが後で学習するわり算の答えの求め方になります。

❹ かけ算(1)—④

1
(1) 2	(2) 5	(3) 4	(4) 3	(5) 4
(6) 5	(7) 1	(8) 8	(9) 2	(10) 6
(11) 4	(12) 8	(13) 3	(14) 3	(15) 8
(16) 6	(17) 7	(18) 5	(19) 4	(20) 9

2
(1) 4	(2) 2	(3) 5	(4) 8	(5) 7
(6) 5	(7) 9	(8) 7	(9) 6	(10) 7
(11) 4	(12) 6	(13) 5	(14) 2	(15) 8
(16) 9	(17) 9	(18) 6	(19) 5	(20) 7

❺ かけ算(1)—⑤

1
(1) 3	(2) 6	(3) 2	(4) 3	(5) 6
(6) 8	(7) 4	(8) 8	(9) 5	(10) 3
(11) 6	(12) 8	(13) 3	(14) 2	(15) 5
(16) 8	(17) 8	(18) 4	(19) 9	(20) 6

2
(1) 2	(2) 5	(3) 4	(4) 7	(5) 7
(6) 6	(7) 2	(8) 4	(9) 9	(10) 6
(11) 5	(12) 4	(13) 7	(14) 9	(15) 8
(16) 4	(17) 3	(18) 8	(19) 9	(20) 7

❻ かけ算(1)—⑥

1
(1) 28	(2) 48	(3) 36	(4) 72	(5) 64
(6) 70	(7) 72	(8) 54	(9) 60	(10) 48

2
(1) 40	(2) 48	(3) 64	(4) 42	(5) 36
(6) 30	(7) 54	(8) 56	(9) 90	(10) 32
(11) 48	(12) 80	(13) 80	(14) 24	(15) 63
(16) 60	(17) 72	(18) 40	(19) 40	(20) 90

指導上の注意

▶わり算につながる問題ですから，しっかり計算練習をさせてください。

▶わり算につながる重要な問題ですから，もう一度しっかり計算練習させてください。

▶3つの数のかけ算では，どの順にかけても答えは同じです。ここでは，10までの数のかけ算しか学習していませんから，かけて10以下になるところからかけていきます。

❼ 「かけ算⑴」のまとめ

1
(1) 0　(2) 30　(3) 40　(4) 0　(5) 70
(6) 0　(7) 0　(8) 60　(9) 0　(10) 90
(11) 50　(12) 0　(13) 0　(14) 80　(15) 0
(16) 0　(17) 36　(18) 70　(19) 64　(20) 81

2
(1) 4　(2) 8　(3) 6　(4) 9　(5) 5
(6) 4　(7) 8　(8) 3　(9) 7　(10) 9
(11) 5　(12) 7　(13) 6　(14) 6　(15) 8
(16) 7　(17) 8　(18) 6　(19) 5　(20) 6

❽ わり算⑴ — ①

1
(1) $10 \div 5 = 2$　(2) $12 \div 2 = 6$
(3) $24 \div 4 = 6$　(4) $42 \div 6 = 7$
(5) $18 \div 3 = 6$　(6) $35 \div 7 = 5$
(7) $40 \div 8 = 5$　(8) $72 \div 9 = 8$
(9) $56 \div 7 = 8$　(10) $45 \div 5 = 9$

2
(1) 3　(2) 7　(3) 6　(4) 3　(5) 4
(6) 8　(7) 9　(8) 6　(9) 4　(10) 5
(11) 8　(12) 4　(13) 3　(14) 5　(15) 7
(16) 9　(17) 3　(18) 8　(19) 7　(20) 9

❾ わり算⑴ — ②

1
(1) 5　(2) 1　(3) 1　(4) 8　(5) 4
(6) 1　(7) 1　(8) 3　(9) 7　(10) 1

2
(1) 3　(2) 4　(3) 2　(4) 5　(5) 3
(6) 2　(7) 7　(8) 8　(9) 6　(10) 7
(11) 1　(12) 5　(13) 9　(14) 6　(15) 5
(16) 8　(17) 9　(18) 7　(19) 4　(20) 8

指導上の注意

▶ 2(9)〜(20)が，次のわり算につながる問題ですので，しっかり復習させてください。

▶ 1は，かけ算とわり算の関係を表す問題です。わられる数とわる数を逆に書く人がいますので，書き間違えないようにご指導ください。
2から，わり算の式で答えを求めさせています。わる数の九九からさがすことをご指導ください。

▶ 1のわり算と，同じ数のわり算です。
　　△÷1＝△
　　△÷△＝1
となることを，ご指導ください。

⑩ わり算(1) ― ③

1
(1) 0	(2) 4	(3) 0	(4) 1
(5) 1	(6) 0	(7) 0	(8) 8
(9) 1	(10) 0		

2
(1) 7	(2) 9	(3) 5	(4) 4
(5) 4	(6) 9	(7) 5	(8) 3
(9) 0	(10) 3	(11) 8	(12) 2
(13) 7	(14) 5	(15) 6	(16) 7
(17) 0	(18) 8	(19) 8	(20) 6

⑪ 「わり算(1)」のまとめ ― ①

1
(1) 4	(2) 3	(3) 2	(4) 7
(5) 5	(6) 2	(7) 0	(8) 8
(9) 6	(10) 4	(11) 6	(12) 7
(13) 5	(14) 6	(15) 8	(16) 9
(17) 1	(18) 9	(19) 9	(20) 8

2
(1) 4	(2) 7	(3) 3	(4) 0
(5) 9	(6) 7	(7) 1	(8) 6
(9) 3	(10) 9	(11) 3	(12) 7
(13) 1	(14) 8	(15) 6	(16) 8
(17) 9	(18) 7	(19) 7	(20) 9

⑫ 「わり算(1)」のまとめ ― ②

1 式 $24 \div 6 = 4$　答え　4人

2 式 $32 \div 4 = 8$　答え　8こ

3 式 $40 \div 8 = 5$　答え　5倍

4 式 $56 \div 7 = 8$　答え　8週間

5 式 $63 \div 7 = 9$　答え　9まい

6 式 $48 \div 8 = 6$　答え　6倍

指導上の注意

▶0のわり算です。

$0 \div \triangle = 0$

（△は0ではない数）

となることを，ご指導ください。
ここで，

$\triangle \div 0 = 0$

と考える人がいますが，これは間違いです。定義に従って考えると，例えば，5÷0の答えは，

$0 \times \square = 5$

の□にあてはまる数ですが，そのような数はありません。つまり，

0でわってはいけない

のです。

▶**3**では，□を使って，

みゆきさん×□＝お父さん

と考えてから，わり算の式にするとわかりやすいです。

⑬ 3けたの数の計算 —— ①

(1) 749　(2) 768　(3) 874
(4) 784　(5) 719　(6) 767

(1) 668　(2) 646　(3) 854
(4) 692　(5) 417　(6) 757
(7) 835　(8) 823　(9) 744
(10) 801

⑭ 3けたの数の計算 —— ②

(1) 768　(2) 957　(3) 982
(4) 972　(5) 517　(6) 637
(7) 790　(8) 726　(9) 621
(10) 800

(1) 958　(2) 580　(3) 815
(4) 807　(5) 561　(6) 450
(7) 710　(8) 775　(9) 625
(10) 800

⑮ 3けたの数の計算 —— ③

(1) 1288　(2) 1167　(3) 1197
(4) 1759　(5) 1463　(6) 1115
(7) 1005　(8) 1219　(9) 1381
(10) 1078

(1) 8915　(2) 9304　(3) 7027
(4) 7213　(5) 7990　(6) 9267
(7) 9013　(8) 9425　(9) 8811
(10) 8011

指導上の注意

▶3けたの数の計算は，2年生で学習した2けたの数の計算と同じ考え方です。くり上がりが最大3回になりますから，おちついて，ていねいに計算するよう，ご指導ください。なお，問題の筆算に枠線を入れています。これは，位をきちんとそろえることを意識させるためのものです。このことは，2けたのかけ算やわり算の筆算において，計算間違いを防ぐために大切なことです。

▶1は，答えが4けたになります。千の位は，＋の下の枠に書かせてください。
2は，4けたの数のたし算です。3けたの場合と同様に，くり上がりに気をつけて計算させてください。

⑯ 3けたの数の計算──④

(1) 233　　(2) 341　　(3) 553
(4) 460　　(5) 333　　(6) 352
(7) 243　　(8) 432　　(9) 326
(10) 371

2
(1) 175　　(2) 389　　(3) 449
(4) 394　　(5) 389　　(6) 488
(7) 148　　(8) 342　　(9) 286
(10) 108

指導上の注意

▶3けたの数のひき算です。
2(6)，(8)，(10)では，一の位の計算のときに，百の位から十の位，一の位と順にくり下げていきます。2年生で学習していますが，わかりにくいところですから，ていねいに計算させるようにしてください。

⑰ 3けたの数の計算──⑤

1
(1) 445　　(2) 77　　(3) 46
(4) 528　　(5) 6　　　(6) 8
(7) 591　　(8) 42　　(9) 62
(10) 56

(1) 64　　(2) 245　　(3) 157
(4) 70　　(5) 449　　(6) 75
(7) 643　　(8) 9　　　(9) 65
(10) 5

▶3けたの数のひき算をもう一度練習します。ゆっくりでいいので正確に計算できるようにさせてください。

⑱ 3けたの数の計算──⑥

1
(1) 382　　(2) 87　　(3) 341
(4) 419　　(5) 65　　(6) 24
(7) 199　　(8) 204　　(9) 93
(10) 239

2
(1) 2825　　(2) 1387　　(3) 2148
(4) 1687　　(5) 1912　　(6) 3691
(7) 5836　　(8) 1373　　(9) 4388
(10) 2747

▶**2**は，4けたの数のひき算です。3けたの場合と同様に，くり下がりに気をつけて計算させてください。

⑲ 「3けたの数の計算」のまとめ

1 式　128 ＋ 148 ＝ 276
　　答え　276 円

2 式　256 － 118 ＝ 138
　　答え　138 ページ

3 式　224 － 198 ＝ 26　　答え　26 円

4 式　186 ＋ 40 ＝ 226　　答え　226 点

5 式　488 ＋ 846 ＝ 1334
　　答え　1334 円

6 式　1000 － 786 ＝ 214
　　答え　214 円

⑳ あまりのあるわり算 —①

1
(1) 2あまり3　(2) 3あまり5
(3) 3あまり1　(4) 2あまり3
(5) 5あまり5　(6) 5あまり3
(7) 3あまり3　(8) 8あまり1
(9) 2あまり5　(10) 2あまり4

2
(1) 2あまり2　(2) 6あまり3
(3) 3あまり1　(4) 4あまり3
(5) 5あまり8　(6) 4あまり2
(7) 5あまり2　(8) 3あまり5
(9) 2あまり5　(10) 3あまり2
(11) 6あまり3　(12) 6あまり2
(13) 8あまり1　(14) 6あまり4
(15) 7あまり5　(16) 6あまり3
(17) 3あまり2　(18) 7あまり4
(19) 4あまり4　(20) 7あまり1

指導上の注意

▶6では，1000からのひき算になっています。一の位の計算のときに，千の位から百の位，十の位，一の位へと順にくり下げていきます。

▶あまりのあるわり算では，2つのことを計算します。16÷3の場合は，次のようになります。
[商を求める]
3×□の答えで，16をこえない最大のものをさがし，そのときの□にあてはまる数を商とします。この場合は5です。
[余りを求める]
わられる数から，わる数と商をかけたものをひいて，余りを求めます。この場合は，
　16 － 3 × 5 ＝ 16 － 15 ＝ 1
となります。
なお，商という用語は4年で学習します。

㉑ あまりのあるわり算 ―②

1
(1)	4あまり1	(2)	5あまり1
(3)	3あまり4	(4)	4あまり2
(5)	4あまり5	(6)	4あまり6
(7)	3あまり7	(8)	6あまり1
(9)	3あまり6	(10)	6あまり4
(11)	5あまり3	(12)	3あまり2
(13)	6あまり5	(14)	7あまり7
(15)	4あまり3	(16)	7あまり2
(17)	7あまり1	(18)	8あまり2
(19)	5あまり4	(20)	8あまり2

2
(1)	5あまり1	(2)	5あまり2
(3)	5あまり5	(4)	7あまり3
(5)	8あまり3	(6)	5あまり2
(7)	6あまり1	(8)	6あまり5
(9)	8あまり4	(10)	6あまり2
(11)	8あまり2	(12)	8あまり3
(13)	7あまり4	(14)	8あまり6
(15)	7あまり1	(16)	8あまり5
(17)	5あまり2	(18)	8あまり6
(19)	7あまり2	(20)	8あまり7

指導上の注意

▶2の段から9の段までを利用して求めます。

あまりのあるわり算で，答えを確かめるときは，

わる数×商＋余り

を計算し，それがわられる数になれば正解です。ただし，余りはわる数より小さくなっていることも確かめてください。

なお，答えの書き方で，「4あまり1」を，

4…1

と略記する場合もありますが，ほぼすべての教科書が略記せずに，

4あまり1

と書いていますので，模範解答としては略記していません。

㉒ あまりのあるわり算──③

 1
(1) 2あまり1	(2) 4あまり2
(3) 4あまり5	(4) 4あまり5
(5) 8あまり2	(6) 5あまり2
(7) 6あまり3	(8) 7あまり1
(9) 6あまり2	(10) 6あまり1
(11) 8あまり1	(12) 6あまり8
(13) 4あまり1	(14) 6あまり5
(15) 7あまり2	(16) 6あまり4
(17) 8あまり1	(18) 5あまり3
(19) 8あまり4	(20) 3あまり6

2
(1) 5あまり6	(2) 6あまり1
(3) 4あまり7	(4) 7あまり3
(5) 7あまり2	(6) 4あまり6
(7) 8あまり1	(8) 7あまり5
(9) 8あまり4	(10) 4あまり1
(11) 8あまり3	(12) 6あまり1
(13) 8あまり4	(14) 9あまり1
(15) 9あまり1	(16) 8あまり5
(17) 5あまり4	(18) 8あまり3
(19) 7あまり3	(20) 6あまり3

指導上の注意

▶2の段から9の段までを利用して求めます。3年生では一番つまずきやすいところですから，しっかり復習させてください。

㉓ 「あまりのあるわり算」のまとめ

1 式　34÷6＝5あまり4
答え　5こつめられて，4こあまる

2 式　40÷7＝5あまり5
答え　1人分は5まいで，5まいあまる

3 式　70÷8＝8あまり6
答え　8本できて，6cmあまる

4 式　30÷4＝7あまり2
答え　8つ

5 式　80÷9＝8あまり8
答え　9回

6 式　26÷3＝8あまり2
答え　8さつ

㉔ 大きな数──①

1
(1) 42万	(2) 106万	(3) 401万
(4) 19万	(5) 52万	(6) 117万
(7) 54万	(8) 40万	(9) 7万
(10) 4万		

2
(1) 87万	(2) 85万	(3) 112万
(4) 162万	(5) 779万	(6) 44万
(7) 37万	(8) 27万	(9) 15万
(10) 324万	(11) 24万	(12) 35万
(13) 48万	(14) 63万	(15) 54万
(16) 7万	(17) 4万	(18) 7万
(19) 8万	(20) 8万	

指導上の注意

▶あまりの処理を考えます。

4は，7脚では2人座れませんから8脚になります（いすのかぞえ方は脚を用いますが，3年生向けには8つとしています）。

5は，8回では8個残りますから9回になります。

6は，8冊立てると2cm残りますが，この2cmでは3cmの図鑑は入りませんから8冊のままです。

▶大きな数の計算です。基本的には3けたまでの数の計算です。
万をとって計算し，その答えに万をつけると考えると，わかりやすいです。

㉕ 大きな数 — ②

1
(1) 260	(2) 470	(3) 580
(4) 2650	(5) 3810	(6) 3400
(7) 6200	(8) 7100	(9) 15200
(10) 46300		

2
(1) 35	(2) 49	(3) 77
(4) 93	(5) 80	(6) 123
(7) 257	(8) 360	(9) 481
(10) 900		

指導上の注意

▶10倍, 100倍と10でわる計算です。かけ算, わり算をするというよりも, 位が上がる, 下がるという感覚です。

㉖ 「大きな数」のまとめ

1
(1) 80万	(2) 39万	(3) 19万
(4) 92万	(5) 36万	(6) 122万
(7) 144万	(8) 39万	(9) 745万
(10) 279万	(11) 36万	(12) 5万
(13) 5万	(14) 42万	(15) 30万
(16) 9万	(17) 56万	(18) 8万
(19) 9万	(20) 72万	

2
(1) 370	(2) 4800	(3) 51
(4) 630	(5) 79	(6) 8400
(7) 3000	(8) 6100	(9) 40
(10) 36000	(11) 24000	(12) 270
(13) 350	(14) 19000	(15) 550
(16) 6800	(17) 60000	(18) 4600
(19) 5400	(20) 370	

▶大きな数の計算が理解できたかどうか確認させてください。

㉗ かけ算(2) — ①

1
(1) 320	(2) 350	(3) 280
(4) 480	(5) 450	(6) 800
(7) 2700	(8) 4200	(9) 2000
(10) 4000

2
(1) 140	(2) 90	(3) 250
(4) 120	(5) 240	(6) 630
(7) 560	(8) 360	(9) 200
(10) 100	(11) 1500	(12) 2800
(13) 4500	(14) 3600	(15) 7200
(16) 3200	(17) 4200	(18) 1600
(19) 4000	(20) 3000

指導上の注意

▶30×4や400×6は，次のようにして求めることもできます。

$$30 \times 4 = 3 \times 10 \times 4$$
$$= 3 \times 4 \times 10$$
$$= 12 \times 10$$
$$= 120$$
$$400 \times 6 = 4 \times 100 \times 6$$
$$= 4 \times 6 \times 100$$
$$= 24 \times 100$$
$$= 2400$$

㉘ かけ算(2) — ②

1
(1) 8	(2) 15	(3) 72
(4) 69	(5) 86	(6) 84
(7) 93	(8) 64	(9) 48

2
(1) 91	(2) 84	(3) 74
(4) 98	(5) 90	(6) 96
(7) 76	(8) 87	(9) 96

▶1(1)〜(3)は，筆算をしなくても答えは求まります。これは，筆算での答えの書き方を練習するための問題です。最初が肝心ですから，位をそろえて正しく書くように，ご指導ください。

㉙ かけ算(2) — ③

1
(1) 123	(2) 106	(3) 189
(4) 288	(5) 168	(6) 455
(7) 276	(8) 497	(9) 208

2
(1) 135	(2) 312	(3) 296
(4) 138	(5) 204	(6) 644
(7) 435	(8) 296	(9) 684

▶答えが3けたになります。百の位に書くときは，そこで計算が終わりますから，くり上がりの数のように小さく書く必要はありません。

㉚ かけ算(2) —— ④

1
(1) 42	(2) 32	(3) 63
(4) 48	(5) 63	(6) 62
(7) 88	(8) 39	(9) 96
(10) 80	(11) 92	(12) 68
(13) 96	(14) 81	(15) 96

2
(1) 216	(2) 129	(3) 248
(4) 108	(5) 648	(6) 184
(7) 117	(8) 140	(9) 312
(10) 256	(11) 354	(12) 574
(13) 144	(14) 376	(15) 468

▶2けた×1けたのかけ算の計算練習です。くり上がりに気をつけて計算するように，ご指導ください。

㉛ かけ算(2) —— ⑤

1
(1) 144	(2) 156	(3) 245
(4) 204	(5) 333	(6) 245
(7) 480	(8) 222	(9) 385
(10) 252	(11) 232	(12) 119
(13) 184	(14) 279	(15) 564

2
(1) 152	(2) 108	(3) 378
(4) 335	(5) 387	(6) 492
(7) 200	(8) 364	(9) 450
(10) 160	(11) 231	(12) 558
(13) 376	(14) 413	(15) 756

▶1(5)，(8)は，333，222と同じ数が3つ並びます。これは，
$$37 \times 3 = 111$$
であることを利用しています。
$$37 \times 9 = 37 \times 3 \times 3$$
$$= 111 \times 3 = 333$$
$$74 \times 3 = 37 \times 2 \times 3$$
$$= 37 \times 3 \times 2$$
$$= 111 \times 2 = 222$$
37に27までの3の倍数をかけると，答えは同じ数が3つ並びます。

㉜ かけ算(2) —— ⑥

1
(1) 628	(2) 693	(3) 2484
(4) 2856	(5) 728	(6) 3258

2
(1) 522	(2) 838	(3) 1312
(4) 1482	(5) 5427	(6) 4230
(7) 4648	(8) 1813	(9) 4278
(10) 5136		

▶3けた×1けたのかけ算です。計算の方法は，2けた×1けたの場合と同様です。

㉝ かけ算(2) ―⑦

1 (1) 1446　(2) 676　(3) 1074
(4) 4192　(5) 1948　(6) 3045
(7) 3735　(8) 5481　(9) 2547
(10) 4172

2 (1) 1236　(2) 3800　(3) 3715
(4) 3576　(5) 2256　(6) 1737
(7) 1953　(8) 1704　(9) 4730
(10) 4743

指導上の注意

▶3けた×1けたの計算練習です。くり上がりに気をつけて，おちついて，ていねいに計算するように，ご指導ください。

㉞ 「かけ算(2)」のまとめ

1 式　80×7＝560　答え　560円

2 式　24×6＝144　答え　144本

3 式　36×9＝324　答え　324cm

4 式　256×8＝2048
答え　2048ページ

5 式　198×5＝990　答え　990円

6 式　700－(74×9)＝34
答え　34cm

▶5では，代金を求めさせるので，2Lは関係ありません。
6は，式を2つに分けて，
74×9＝666
700－666＝34
としてもかまいません。

㉟ わり算(2)

1 (1) 20　(2) 30　(3) 20　(4) 10
(5) 14　(6) 21　(7) 12　(8) 32
(9) 34　(10) 22

2 式　60÷3＝20　答え　20人

3 式　84÷4＝21　答え　21円

4 式　64÷2＝32　答え　32cm

▶商が2けたになるわり算です。
3年生では，十の位と一の位の数がともにわる数でわり切れるものだけを扱います。

36 小数──①

(1) 0.9　(2) 1.1　(3) 1.3　(4) 1.6
(5) 3.9　(6) 8.2　(7) 8.1　(8) 9.2
(9) 6.3　(10) 9.3

2
(1) 0.8　　(2) 1.5　　(3) 1.2
(4) 0.9　　(5) 2.9　　(6) 5.2
(7) 7.7　　(8) 9.6　　(9) 5.4
(10) 9.8　　(11) 11.1　　(12) 12.8
(13) 15.3　(14) 13.7　(15) 11.2
(16) 10.1　(17) 11.9　(18) 15.6
(19) 11.7　(20) 18.2

37 小数──②

1
(1) 1　　　(2) 2　　　(3) 5
(4) 8　　　(5) 10　　　(6) 5.7
(7) 9.2　　(8) 9.6　　(9) 8.7
(10) 13.7

2
(1) 1　　　(2) 3　　　(3) 8.8
(4) 9.6　　(5) 4　　　(6) 8
(7) 8.3　　(8) 7.3　　(9) 12
(10) 13　　(11) 11.8　(12) 14.3
(13) 14　　(14) 12　　(15) 12.9
(16) 10.4　(17) 14　　(18) 16
(19) 11.7　(20) 17.4

指導上の注意

▶小数のたし算です。整数のたし算と同じように計算します。小数点の位置に気をつけてください。

▶小数の計算で，小数第1位が0になったときは，ななめに線をひいて消しておきます。教科書によっては，小数点も斜線で消している場合がありますから，学校で習った方法にあわせてください。筆算はそれでよいのですが，あらためて答えを書くときには，小数点をとって，整数で表します。
また，整数と小数のたし算では，とくに位に気をつけて計算しましょう。筆算で計算すると間違えにくいです。

㊳ 小数──③

1
(1) 0.6	(2) 1.4	(3) 1.1
(4) 1.4	(5) 0.7	(6) 1.3
(7) 3.7	(8) 2.5	(9) 4.9
(10) 5.7	(11) 7.8	(12) 8.1
(13) 11.8	(14) 12.3	(15) 9
(16) 11.7	(17) 10	(18) 14.9
(19) 11.9	(20) 10	

2
(1) 73.8	(2) 60.1	(3) 57.9
(4) 95.3	(5) 60.1	(6) 21
(7) 38.1	(8) 57.8	(9) 70.8
(10) 57.4	(11) 40.3	(12) 41.2
(13) 54.6	(14) 81.9	(15) 50
(16) 20.8	(17) 40.4	(18) 65.9
(19) 30	(20) 91	

㊴ 小数──④

1
(1) 1.5	(2) 3.4	(3) 5.3	(4) 3.4
(5) 3.7	(6) 3.4	(7) 3.9	(8) 2.1
(9) 5.9	(10) 1.7		

2
(1) 1.2	(2) 1.3	(3) 5.6	(4) 2.5
(5) 3.8	(6) 2.6	(7) 4.4	(8) 3.2
(9) 1.8	(10) 5.4	(11) 3.7	(12) 4.9
(13) 5.4	(14) 1.6	(15) 3.5	(16) 3.7
(17) 2.3	(18) 3.9	(19) 2.8	(20) 1.9

指導上の注意

▶**2**は3けたの数の計算と同じように します。筆算のときは，必ず小数 点の位置をそろえます。

▶小数のひき算です。整数のひき算 と同じようにして計算します。

40 小数—⑤

1
(1) 3.6 (2) 3.2 (3) 0.4 (4) 0.9
(5) 2.7 (6) 3.1 (7) 0.4 (8) 0.7
(9) 1.3 (10) 0.8

2
(1) 0.3 (2) 0.7 (3) 0.5 (4) 0.8
(5) 2 (6) 2 (7) 3.9 (8) 3.7
(9) 1.5 (10) 0.3 (11) 1.2 (12) 2.2
(13) 0.6 (14) 0.4 (15) 0.8 (16) 0.2
(17) 0 (18) 2 (19) 0.8 (20) 8.1

41 小数—⑥

1
(1) 0.5 (2) 0.7 (3) 1.3 (4) 2.2
(5) 1.7 (6) 2.8 (7) 3.5 (8) 4.9
(9) 0.6 (10) 0.5 (11) 1.9 (12) 3.5
(13) 0.9 (14) 0.7 (15) 0.8 (16) 6
(17) 0.1 (18) 1.8 (19) 2.8 (20) 0.7

2
(1) 24.6 (2) 49.8 (3) 18.5
(4) 0.9 (5) 29.3 (6) 12.6
(7) 7.7 (8) 22.7 (9) 43.9
(10) 65.7 (11) 13 (12) 35
(13) 44.3 (14) 66.3 (15) 39.7
(16) 59.4 (17) 4.9 (18) 0.9
(19) 29.6 (20) 49.8

指導上の注意

▶整数と小数のひき算では，例えば，5を5.0のように小数第1位が0と考えます。
また，答えが1より小さくなるときは，一の位は0と書きます。この0は必ず書かなければなりません。
2(17)は，同じ数のひき算です。答えは0.0と書かずに，0と書きます。

▶**2**は，3けたの数のひき算と同じようにして計算します。小数点の位置に，とくに気をつけます。

㊷ 「小数」のまとめ ─ ①

1
(1)	5.1	(2)	5.1	(3)	7.8
(4)	2.9	(5)	11.4	(6)	0.3
(7)	1	(8)	8	(9)	6.4
(10)	5.1	(11)	7.3	(12)	7.2
(13)	10.9	(14)	80.8	(15)	3.5
(16)	45	(17)	91	(18)	50.7
(19)	10	(20)	80.4		

2
(1)	9.1	(2)	7.5	(3)	3.7
(4)	3.8	(5)	6.7	(6)	13.6
(7)	11.8	(8)	7.5	(9)	7.7
(10)	12.8	(11)	9	(12)	20.2
(13)	60.2	(14)	65.2	(15)	44.7
(16)	35.9	(17)	90.2	(18)	15.3
(19)	0.8	(20)	99.5		

㊸ 「小数」のまとめ ─ ②

1 式　$7.3 + 3.6 = 10.9$
答え　10.9cm

2 式　$2.2 - 0.5 = 1.7$
答え　1.7L

3 式　$9 - 2.8 = 6.2$
答え　6.2km

4 式　$1.6 + 2.5 = 4.1$
答え　4.1km

5 式　$5.6 - 3.5 = 2.1$
答え　2.1L

6 式　$3.6 + 4.3 + 5.2 = 13.1$
答え　13.1cm

指導上の注意

▶小数のたし算，ひき算がまじっています。おちついて，ていねいに計算させてください。

▶**5**では，5.6Lのうち，飲まれたのは3.5Lです。12人というのは関係ありません。
6は，3つの小数のたし算になります。式を2つに分けて，
　　$3.6 + 4.3 = 7.9$
　　$7.9 + 5.2 = 13.1$
とすることもできます。

44 分数─①

1
(1) $\frac{4}{5}$ (2) $\frac{5}{7}$ (3) $\frac{3}{8}$ (4) $\frac{8}{9}$

(5) $\frac{6}{7}$ (6) $\frac{5}{6}$ (7) $\frac{8}{9}$ (8) $\frac{7}{10}$

(9) $\frac{9}{11}$ (10) $\frac{17}{20}$

2
(1) $\frac{6}{7}$ (2) $\frac{5}{6}$ (3) $\frac{5}{9}$ (4) $\frac{7}{8}$

(5) $\frac{9}{10}$ (6) $\frac{7}{10}$ (7) $\frac{9}{11}$ (8) $\frac{9}{13}$

(9) $\frac{11}{14}$ (10) $\frac{11}{12}$ (11) $\frac{12}{13}$ (12) $\frac{13}{14}$

(13) $\frac{15}{17}$ (14) $\frac{13}{15}$ (15) $\frac{13}{16}$ (16) $\frac{11}{12}$

(17) $\frac{13}{16}$ (18) $\frac{14}{17}$ (19) $\frac{15}{19}$ (20) $\frac{19}{20}$

45 分数─②

1
(1) $\frac{1}{3}$ (2) $\frac{1}{5}$ (3) $\frac{1}{6}$ (4) $\frac{5}{8}$

(5) $\frac{5}{9}$ (6) $\frac{3}{7}$ (7) $\frac{3}{10}$ (8) $\frac{3}{11}$

(9) $\frac{1}{12}$ (10) $\frac{7}{15}$

2
(1) $\frac{2}{7}$ (2) $\frac{1}{4}$ (3) $\frac{2}{5}$ (4) $\frac{3}{8}$

(5) $\frac{1}{6}$ (6) $\frac{7}{10}$ (7) $\frac{4}{9}$ (8) $\frac{3}{7}$

(9) $\frac{3}{5}$ (10) $\frac{5}{8}$ (11) $\frac{5}{9}$ (12) $\frac{6}{11}$

(13) $\frac{5}{12}$ (14) $\frac{7}{10}$ (15) $\frac{5}{13}$ (16) $\frac{7}{15}$

(17) $\frac{7}{16}$ (18) $\frac{9}{14}$ (19) $\frac{6}{13}$ (20) $\frac{12}{19}$

指導上の注意

▶分母が同じ分数のたし算では，分母はそのままで分子だけたし算します。

なお，約分は5年生の学習内容ですから，3年生では約分しないで，そのまま答えます。

▶分母が同じ分数のひき算では，分母はそのままで分子だけひき算します。

46 分数 — ③

1
(1) $\dfrac{1}{3}$　(2) $\dfrac{3}{5}$　(3) $\dfrac{5}{6}$　(4) $\dfrac{1}{2}$

(5) $\dfrac{1}{4}$　(6) $\dfrac{4}{7}$　(7) $\dfrac{5}{8}$　(8) $\dfrac{4}{9}$

(9) $\dfrac{7}{9}$　(10) $\dfrac{8}{11}$

2
(1) $\dfrac{3}{7}$　(2) $\dfrac{1}{6}$　(3) $\dfrac{7}{9}$　(4) $\dfrac{5}{8}$

(5) $\dfrac{2}{5}$　(6) $\dfrac{9}{10}$　(7) $\dfrac{6}{7}$　(8) $\dfrac{2}{7}$

(9) $\dfrac{7}{8}$　(10) $\dfrac{5}{9}$　(11) $\dfrac{7}{10}$　(12) $\dfrac{10}{11}$

(13) $\dfrac{8}{13}$　(14) $\dfrac{5}{14}$　(15) $\dfrac{16}{17}$　(16) $\dfrac{14}{15}$

(17) $\dfrac{13}{16}$　(18) $\dfrac{6}{17}$　(19) $\dfrac{4}{15}$　(20) $\dfrac{11}{13}$

47 「分数」のまとめ

1 式　$\dfrac{3}{8}+\dfrac{4}{8}=\dfrac{7}{8}$　答え　$\dfrac{7}{8}$ km

2 式　$\dfrac{5}{7}-\dfrac{2}{7}=\dfrac{3}{7}$

答え　ジュースが $\dfrac{3}{7}$ L 多い

3 式　$1-\dfrac{5}{6}=\dfrac{1}{6}$　答え　$\dfrac{1}{6}$ kg

4 式　$\dfrac{9}{10}-\dfrac{6}{10}=\dfrac{3}{10}$　答え　$\dfrac{3}{10}$ m

5 式　$\dfrac{3}{9}+\dfrac{5}{9}=\dfrac{8}{9}$　答え　$\dfrac{8}{9}$ L

6 式　$\dfrac{7}{12}+\dfrac{5}{12}=1$　答え　1 kg

指導上の注意

▶**1** は，1 からひくひき算です。
1 は，

$$\dfrac{2}{2},\ \dfrac{3}{3},\ \dfrac{4}{4},\ \dfrac{5}{5},\ \cdots$$

のように，分母の数と分子の数が同じ分数と考えて計算します。

▶分数になっても，整数や小数のときと同じように式を立てます。
6 の計算は

$$\dfrac{7}{12}+\dfrac{5}{12}=\dfrac{12}{12}$$

となり，分母の数と分子の数が同じなので，1 になります。

48 □を使った式

1
(1) □ = 35 − 16 = 19
(2) □ = 41 − 25 = 16
(3) □ = 46 + 37 = 83
(4) □ = 61 − 28 = 33
(5) □ = 56 ÷ 8 = 7
(6) □ = 54 ÷ 6 = 9
(7) □ = 9 × 4 = 36
(8) □ = 72 ÷ 9 = 8

2
(1) 式　□ − 15 = 39
(2) □ = 39 + 15 = 54
　　答え　54まい

3
(1) 式　□ × 8 = 48
(2) □ = 48 ÷ 8 = 6
　　答え　6本

49 かけ算(3) ── ①

1
(1) 2700 　(2) 1800
(3) 3500 　(4) 1800
(5) 2400 　(6) 5600
(7) 2000 　(8) 4000
(9) 14000 　(10) 54000

2
(1) 2380 　(2) 1380
(3) 3650 　(4) 5120
(5) 3720 　(6) 5040
(7) 1740 　(8) 1500
(9) 21500 　(10) 55800

指導上の注意

▶1の(1)～(4)は，2年生で学んでいます。また，(5)，(6)は3年生のはじめのかけ算のところで学んでいます。いずれも，□にあてはまる数が求められたら，問題の式の□にあてはめて計算し，答えが正しいことを確認させましょう。

▶1は，0をとるとすべて1けた×1けたの計算になります。0をとって計算をして，その答えにとった分だけ0をつけるとよいことをご指導ください。
1(7)では，200と答える人がいます。これは，とった0は2つだから答えの0を2つにしているのです。正しくは，4 × 5 = 20に0を2つつけて，
　　40 × 50 = 2000
です。
2も同様に0をとって筆算で計算し，その答えに0をつけることになります。

㊿ かけ算(3)──②

(1) 578　　(2) 624　　(3) 1302
(4) 2124　(5) 3276　(6) 4365

(1) 2916　(2) 4480　(3) 666
(4) 2496　(5) 1178　(6) 1260
(7) 2392　(8) 1998　(9) 1862

51 かけ算(3)──③

1
(1) 840　　(2) 3762　(3) 4800
(4) 4340　(5) 3472　(6) 1000
(7) 2856　(8) 1988　(9) 4371

2
(1) 2067　(2) 3840　(3) 2448
(4) 1620　(5) 1479　(6) 8134
(7) 2090　(8) 3128　(9) 2664

52 かけ算(3)──④

1
(1) 1131　(2) 5256　(3) 816
(4) 1134　(5) 1188　(6) 2193
(7) 1378　(8) 3526　(9) 3325

2
(1) 1178　(2) 1482　(3) 3392
(4) 3735　(5) 1782　(6) 2166
(7) 2457　(8) 3404　(9) 3360

指導上の注意

▶2けた×2けたのかけ算です。考え方としては，53×47の場合は，47を40と7に分けて，次のように計算します。

$$53 \times 7 = 371$$
$$\underline{53 \times 40 = 2120}$$
$$53 \times 47 = 2491$$

これは，

$$53 \times 47 = 53 \times (40 + 7)$$
$$= 53 \times 40 + 53 \times 7$$
$$= 2120 + 371$$
$$= 2491$$

のように，分配法則を利用していることになるのです。

ここでの計算間違いの原因は，くり上がりの処理がうまくいかなかったことと，加えるときに位がずれていることです。枠にあわせて，位をずらさないように，ご指導ください。

53 かけ算(3) ── ⑤

1   (1) 858   (2) 2232   (3) 1435
      (4) 1116   (5) 884   (6) 9864
      (7) 7011   (8) 8525   (9) 9936

2   (1) 11749   (2) 27810   (3) 35441
      (4) 22232   (5) 63315   (6) 30016

54 「かけ算(3)」のまとめ

1   式 $32 \times 28 = 896$ 答え   896まい

2   式 $145 \times 24 = 3480$
    答え   3480円

3   式 $16 \times 63 = 1008$
    答え   1008cm, 10m8cm

4   式 $1000 - (53 \times 18) = 46$
    答え   46円

5   式 $2 \times 6 \times 28 = 336$ 答え   336L

6   式 $(50 + 12) \times 32 = 1984$
    答   1984円

指導上の注意

▶3けた×2けたのかけ算もまじっています。かける数を一の位と十の位に分けて計算します。

▶**4**では，式を2つに分けて，
    $53 \times 18 = 954$
    $1000 - 954 = 46$
として求めることもできます。
6は，サインペン代と画用紙代に分けて，
    $50 \times 32 = 1600$
    $12 \times 32 = 384$
    $1600 + 384 = 1984$
とすることもできますが，1人分が62円になると考えると楽です。

内よう	勉強した日	とく点	とく点グラフ
			0　20　40　60　80　100
かき方	10月 24日	74点	
㉘ かけ算（2）－②	月　　日	点	
㉙ かけ算（2）－③	月　　日	点	
㉚ かけ算（2）－④	月　　日	点	
㉛ かけ算（2）－⑤	月　　日	点	
㉜ かけ算（2）－⑥	月　　日	点	
㉝ かけ算（2）－⑦	月　　日	点	
㉞ 「かけ算（2）」のまとめ	月　　日	点	
㉟ わり算（2）	月　　日	点	
㊱ 小数－①	月　　日	点	
㊲ 小数－②	月　　日	点	
㊳ 小数－③	月　　日	点	
㊴ 小数－④	月　　日	点	
㊵ 小数－⑤	月　　日	点	
㊶ 小数－⑥	月　　日	点	
㊷ 「小数」のまとめ－①	月　　日	点	
㊸ 「小数」のまとめ－②	月　　日	点	
㊹ 分数－①	月　　日	点	
㊺ 分数－②	月　　日	点	
㊻ 分数－③	月　　日	点	
㊼ 「分数」のまとめ	月　　日	点	
㊽ □を使った式	月　　日	点	
㊾ かけ算（3）－①	月　　日	点	
㊿ かけ算（3）－②	月　　日	点	
51 かけ算（3）－③	月　　日	点	
52 かけ算（3）－④	月　　日	点	
53 かけ算（3）－⑤	月　　日	点	
54 「かけ算（3）」のまとめ	月　　日	点	